改訂新版

ファースト
ステップ

ITの基礎

國友義久

著

近代科学社

本書について

　本書はコンピュータを初めて本格的に学ぶ大学生を対象にしたものです。学生の皆さんの理解を深めるため、本書では多くの工夫をしました。そこで、まずこの本の使い方や見方について、触れておきたいと思います。

　コンピュータに関しては、学ぶことが多く、何をどこまで学べばよいのか議論のあるところですが、本書は経済産業省が実施している情報技術者試験の第一関門である「IT パスポート試験」が要求している IT テクノロジの内容にレベルを合わせました。

　本書の構成は大学の 1 セメスター、15 回の授業で学べる内容になっています。原則として、1 章の内容を 1 回の授業で学べるよう工夫してあります。これを目安に授業を進めていただければ、進み具合などが把握できると思います。

■各章の構成とねらい

・学習ポイントと動機付け

　各章は教師と学生の対話から始まっていますが、その対話によってこの章の学習ポイントをはっきりさせ、動機付けを行っています。したがって、このページの最後に「この章で学ぶこと」を箇条書きで明記してあります。

・見出しの階層化と重要項目の明確化

　できるだけ多くの見出しを階層的に付けることによって、そこで何を説明しているのか、階層的にはっきり理解できるようにしています。また、それぞれの見出しの領域で何がポイントになるのか、重要な部分は独立させて説明しています。本文はそれらをさらに詳しく説明しています。各項目自体（WHAT）の解説だけでなく、それがなぜ必要なのか（WHY）の説明を随所に加え、読者に納得してもらえるよう配慮しました。

・脚注の活用

　ただ、本文が長くなりすぎると焦点がぼやけてしまうこともあるため、で

きるだけ簡潔にし、具体例などは脚注を活用して説明しています。本文でよく理解できないといったときは脚注に注目してください。コンピュータ分野で使用される英字の略語のフルネームなども脚注に示してあります。

・章のまとめ

　各章の終わりに、必ずその章でこれだけはしっかり理解しておいてほしい内容をまとめて示してあります。授業の終わりにその章で学んだことをおさらいするために利用してください。

・練習問題

　理解を確かなものにするために、各章の最後に練習問題を載せています。授業の途中あるいは最後にできるだけこの練習問題を解くよう努めてください。

　この他にも「IT パスポート試験」の最近 2 年間に出題された問題を最後の第 15 章に載せてあります。学習内容の確認や資格取得を目指す学生の皆さんには、試験対策にも役立つでしょう。

　本書を学ぶことにより、今後パソコンを使用するときに、いままで深く考えずに操作していたことの裏付けになっている理論が理解でき、パソコンにより親しみを感じるようになるでしょう。また、それによっていままで経験しなかった新たな使い方に挑戦する意欲が出てくるものと思います。

　現在、日本では IT 人材の不足が指摘され、社会の情報化に関して他国との遅れが問題視されています。その分 IT 技術を身に付けておけば、就職などでも有利に働き、日本の情報化の遅れを取り戻す原動力にもなると信じています。

　本来、学ぶことは辛いことではなく、楽しいことなのです。本書を楽しみながら学習してコンピュータへの興味を深め、さらにより高度で専門的な知識を取得していただければ、著者としてこれ以上の喜びはありません。

2023 年 7 月

國友 義久

改訂版発行にあたって

2011年に本書の初版を刊行して以降、10年余が経過しました。その間、ITの進化は著しく、IT環境は一変しています。ただ、コンピュータが、2進数を基本として、ハードウェアとソフトウェアの協働で多種多様な業務を遂行しているといったITの基本的な原理は変わっていません。

本書は、ITの基本的な原理を中心に展開しているため、IT環境の変化の中で、読み継がれてきたと考えております。ただ、最近のAI技術、IoT、情報セキュリティなど注目されているテーマに関しては、あまり触れていません。教育の現場で活躍されている先生方の本書に関するご意見なども参考にして、今回内容の改訂を行うことにしました。

主な改訂の主旨は、以下の通りです。

(1) 最近の新しいIT環境を内容に反映
    AI、IoT、情報セキュリティ、モバイル通信
(2) アルゴリズム、プログラミングの説明追加
(3) 各章ごとの情報量の増加
    内容、説明文、図表、脚注の充実
(4) 第15章に記載しているITパスポート試験の問題を最近2年間のものに全面変更
(5) 15章構成の維持
    ただし、内容の連続性を重視し、章の順序を一部変更
(6) コーヒブレイク的なコラム数の増加

改訂版出版の機会を与えていただいた近代科学社 大塚浩昭社長、このシリーズ出版プロジェクトを精力的に引っ張っていただいたプロジェクトリーダーの山口幸治部長、編集作業で大変お世話になった石井沙知編集長、伊藤雅英さん、赤木恭平さんに感謝の意を表します。

目次

COLUMN

はじめに

学生　先生、受講ガイダンスでこの科目は必修だから、必ず受講するように
　　　いわれたけど、どんなことをやるの？

教師　君は、大学を目指して、めでたく入学できたのだろう。この科目は、
　　　大学生なら、IT に関して誰でも知っておかなければならないことを
　　　学ぶようにできているのだよ。だから必修科目になっているのさ。

学生　そんなことをいわれても、具体的なイメージはぜんぜんわかないよ。
　　　スマホはよく使うけど、本当は、コンピュータのことは、あまりよく
　　　わからないんだ。

教師　この科目は、そのような学生のためにあるんだよ。君がいった、コン
　　　ピュータについて、その基礎知識を理解してもらうのが狙いなんだ。

学生　でも、本当に僕でも理解できるのかな。自信がないよ。

教師　最初は、君だけではなく、他の多くの学生も、同じように感じている
　　　はずだよ。私は、そのような学生に向けて何年もこの科目を担当して
　　　きた経験がある。できるだけ、わかりやすく、かつ重要なポイントは
　　　はずさない、これが私の講義スタイルなんだ。まあ、この半年間、私
　　　を信じて、授業に顔を出してごらん。半年後には、かなりの自信がつ
　　　くと思うよ。

学生　でも、僕は飽きっぽいからなあ。堅い話を聞いていると、すぐ眠くな
　　　るし。

教師　私の講義は、一方的な話だけではなく、できるだけ、学生参加型で進
　　　めるように工夫しているんだ。授業の随所に演習を入れているので、
　　　多分、寝ている暇はないと思うよ。

　　　また、できるだけ具体例を入れて説明するし、単なる内容の説明だけ
　　　でなく、それが実際にどのように活用され、どのような効果をもた
　　　らしているかも説明するので、結構、興味が湧くと思うよ。

学生　先生の言葉を信じて、この授業に真面目に出てみることにしようっと。

第 1 章

コンピュータシステムの基本構成について知ろう

教師：君は、コンピュータについて、どのような知識を持っている？

学生：パソコンを使える程度です。使い方がよくわからないときは、マニュアルなんか調べるけど、わからないところがたくさんあるなあ。

教師：パソコンは個人でも入手できるので、広く普及しているけど、パソコンだけがコンピュータではないんだ。

学生：パソコンでないコンピュータってあるんですか。

教師：企業が大規模な業務をコンピュータで処理するときは、もっと大きな汎用コンピュータを使用するんだ。それにスマホだって本質はコンピュータだよ。

学生：コンピュータにはいろいろなタイプのものがあるのですね。それを全部勉強しなければならないのですか。

教師：どんなタイプのコンピュータでも、用途や見かけは違っても、その基本原理は共通なんだ。今日の授業では、最初に、その共通原理に沿ったコンピュータシステムの基本構成と機能について紹介しよう。

この章で学ぶこと

1 コンピュータのハードウェアとソフトウェアの役割について知る

2 ハードウェアの構成と機能について理解する

3 ソフトウェアの種類とそれぞれの役割について理解する

1.1 コンピュータとは

1.1.1 コンピュータの構成

図 1.1 各種コンピュータ

　一口にコンピュータといっても、いろいろなタイプのコンピュータがあります。企業が大規模な業務で使用する**汎用コンピュータ**、個人が使いやすいように作成された**パーソナルコンピュータ**（PC）、**タブレット PC**、**スマートフォン**（スマホ）、腕時計のように腕につける**ウェアラブルコンピュータ**など、すべてコンピュータです[1]。コンピュータは使用目的に応じて形態や機能は異なりますが、動作原理は同じです。そこでパーソナルコンピュータを例にとって、コンピュータの構成について見てみます。

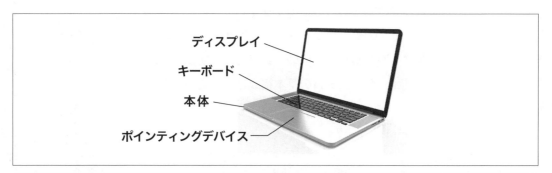

ディスプレイ

キーボード

本体

ポインティングデバイス

図 1.2 ノート型パソコンの構成

1　汎用コンピュータは、大型のコンピュータで、企業の専用室に設置され、PC のように携帯はできません。タブレット（Tablet）PC：タブレットは本来書き板の意味。データ入力用のキーボードをディスプレイ上に表示することで持ち運びを容易にした小型の携帯用 PC。スマートフォン（Smart Phone）：語源は表示画面を持った携帯電話ですが、コンピュータ機能も兼ね添えたタブレット PC の一種。ウェアラブルコンピュータ（Wearable Computer）は腕時計型など、身につける小型コンピュータ。

　図 1.2 は、**ノート型パソコン**[2] のマニュアルの冒頭によく載っているパソコンの構成図です。パソコンが、キーボードやディスプレイ、本体などから構成されていることを示しています。また、データやソフトウェアを格納するために**ハードディスク**[3] が本体内で使用されています。

　コンピュータの構成について、正しく理解するためには、まず、コンピュータの使用目的を把握する必要があります。その目的を達成するために、コンピュータのいろいろな構成要素が用意されています。

> ・コンピュータは、データ処理を行うための機器である。
> ・データ処理を行うためには、入出力機能、加工機能、保存機能、伝送機能が必要である。

1.1.2　コンピュータの使用目的と必要な機能

　コンピュータは、いろいろな目的のために使用されます[4]。しかし、本質的には、コンピュータは**データ処理**を行う機器です。

(1) データ加工

　データ加工とは、入力データを加工して出力データを作成する過程です。データ処理が必要になる作業はいろいろあります。たとえば、レポート作成もデータ処理の 1 つの例です[5]。データ処理の目的を達成するために、コンピュータは、データを入力する機能、それを加工する機能、結果を出力する機能を持つ必要があります。

(2) データの保存

　データ処理を行うときは、必要に応じてデータを保存しておくことが要求されます[6]。コンピュータには、作業中のデータや後で取り出すデータを保存しておく機能が必要になります。

(3) データの伝送

　データ処理において、データを入力したり、出力したりする場所とデータを処理する場所

2　ノート型パソコン（Note Type Personal Computer）：ノートのように薄くて軽い個人用コンピュータ。
3　ハードディスク：大容量補助記憶装置の 1 つ。PC では、通常 SSD（Solid State Drive）や HDD（Hard Disk Drive）が使用されています。第 7 章で詳述。
4　個人用は、パソコンで宿題のレポート作成やインターネットで情報収集を行うために使用します。企業では商品の売上データ、請求データの処理や社員の給与計算などのために使用しています。
5　レポート作成の場合は、文章や図表が入力データです。それを加工して、レポートを作成します。出力データは完成したレポートそのものです。
6　作成したレポートを後で印刷するときは、印刷するまで保存しておく必要があります。

が、遠く離れている場合があります。このような場合、両者の間でデータを迅速に伝送することが必要になります。そのため、コンピュータには、データ伝送機能が要求されることになります[7]。

図 1.3 は、データ処理に必要な機能を示しています。

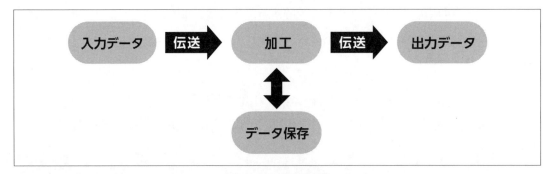

図 1.3　データ処理機能

1.2　ハードウェアとソフトウェアの役割を知ろう

・コンピュータは、ハードウェアとソフトウェアで構成されている。

1.2.1　専用機と汎用機

コンピュータは機器です。自動車も機器です。しかし、コンピュータと自動車は、同じ機器でも、その設計思想は基本的に異なります。自動車は使用目的が特定化されています。具体的には、人や物を遠くに、速く運ぶための**専用機器**です。自動車をシャツの洗濯のために使用する人はいません[8]。

一方、コンピュータは、データ処理を行うという共通の目的は持っていますが、1 種類のデータ処理だけを行うようには設計されていません。同じ 1 台のコンピュータで、インターネットでの情報収集もできるし、販売業務のデータ処理もできます。コンピュータは、専用

---

7 たとえば、自宅のパソコンで、インターネットの情報を検索するときは、データを入出力する場所は自宅です。しかし、必要な情報が蓄えられている場所は、通常、自宅とは遠く離れた場所にあるコンピュータです。その間のデータ伝送が必要です。

8 シャツの洗濯のためには、洗濯機という専用機があります。人は何をしたいかによってそれを行う専用機を選びます。人間が機器に歩み寄っています。

機械ではなく、**汎用機器**です[9]（図 1.4）。人間のいろいろな要求に対して、コンピュータが歩み寄っています。そこが専用機器と異なるところです。

（a）自動車は専用機器　　　　（b）コンピュータは汎用機器

図 1.4　専用機器と汎用機器

　同じ 1 台のコンピュータで、なぜ異なるタイプのデータ処理ができるのでしょうか。それは、コンピュータがハードウェアとソフトウェアから構成されるからです。

1.2.2　ハードウェア

・ハードウェアは、コンピュータ機器そのものであり、データ処理に関する基本的な機能だけを行う。基本的機能とは、データの入力、記憶、制御、演算、出力である。

　コンピュータの**ハードウェア**[10] は、データの入出力装置、プロセッサ（処理装置）、データ記憶装置などで構成されます。ハードウェアは、データ処理に関する基本的な機能だけを行います。基本的機能とは、データの入力、記憶、制御、演算、出力といったことです。ハードウェアだけで、レポート作成やインターネット検索などに必要な業務処理は行えません。

9　コンピュータは、インターネットによる情報収集だけを行う専用機ではありませんし、販売業務のデータ処理だけを行う専用機器でもありません。

10　ハードウェア（Hardware）：かっては、直訳して‘金物’と呼んでいたこともありますが、現在はカタカナでそのまま呼んでいます。

1.2.3 ソフトウェア

> ・ソフトウェアによって、1 台のコンピュータでいろいろなデータ処理業務を行うことができる。

　あるデータ処理だけに必要な固有の作業をコンピュータに行わせるのは、**ソフトウェア**[11] です。ソフトウェアは、レポート作成やインターネットの情報検索などのデータ処理ごとに用意され、そのデータ処理の手順にそってハードウェアが必要な出力を作成します[12]。必要に応じてそれらのソフトウェアを実行することにより、コンピュータは、その都度異なるタイプのデータ処理業務を行えるようになります。その意味から、ソフトウェアはコンピュータの利用技術と呼ばれています。

　各種ソフトウェアは、あらかじめ**補助記憶装置**に保存しておき、実行するときは、そのソフトウェアを補助記憶装置からプロセッサの主メモリにロード[13] します。

　図 1.5 はパソコンを起動したときにディスプレイ上に最初に表示されるデスクトップ画面です。この画面には多くの**アイコン**[14] が表示されています。

　個々のアイコンはそれぞれ特定の使用目的が決まっており、その目的を果たすためのソフトウェアやファイルを表しています。そのアイコンをクリックすることで、簡単に該当のソフトウェアを実行することができます。

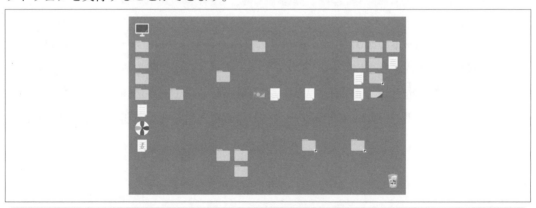

図 1.5　いろいろなアイコンが表示されているデスクトップ画面

11　ソフトウェア（Software）：かつては、直訳して‘紙物’と呼んでいたこともあります。現在はカタカナでそのまま呼んでいます。
12　処理手順は、ハードウェアの基本的機能を組み合せて作成します。
13　ロード：ソフトウェアを実行のために主メモリに持ってくること。
14　アイコン：直訳すると像の意味。特定のソフトウェアやファイルを表す小さな画像。

たとえば、Word のアイコンをクリックすれば、Word のソフトウェアが実行され、文書の作成が可能になります [15]。タブレット PC やスマホでも同じ仕組みが採用されています。

1.3 ハードウェアの構成と機能

1.3.1 ハードウェアの基本的機能

ハードウェアは、基本的にデータの入力、記憶、制御、演算、出力の 5 つの機能を行います。これらの 5 つの機能は、データ処理のための本質的な機能です。

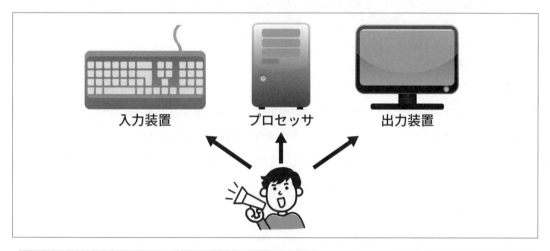

入力装置　　　　　プロセッサ　　　　　出力装置

図 1.6　人間とコンピュータによるデータ処理

データ処理の方法は、人間もコンピュータも基本的には同じです。人間は、データ入力を目や耳で、記憶、判断を頭脳で、結果を言葉や文書で出力します。コンピュータでは、入力装置は人間の目や耳に相当し、プロセッサは人間の頭脳に該当します。出力装置は人間の口や手に相当します。

データ処理のもとになる入力データは、入力装置によってコンピュータ内部に読み込まれ、プロセッサの主メモリ内に記憶されます。それらのデータをどう処理するかは、ソフトウェアによって指示され、その処理手順にそってデータの制御、演算が行われます。データの記憶、制御、演算機能は、プロセッサによって行われます。処理結果の出力は、出力装置を使用します（図 1.6）。

15　アイコンをクリックすると、それに対応したソフトウェアが補助記憶装置から主メモリにロードされ、実行します。

　コンピュータは、これらの入力装置、プロセッサ、出力装置を合わせて、全体として 1 つのコンピュータシステムを構成します。中心になるデータ処理機能は入力装置、プロセッサ、出力装置が行います。データの保存機能は補助記憶装置、データの伝送機能は通信ネットワーク回線が行います。

1.3.2　ハードウェアの構成

> ・コンピュータは、ハードウェアとして、入力装置、プロセッサ、出力装置、補助記憶装置でシステムを構成している。

(1) 入力装置

　入力装置は、業務上で発生するデータをコンピュータに入力します。業務の内容やデータ量に応じて、いろいろなタイプの入力装置が用意されています。パソコンのキーボード、銀行業務の **ATM 端末** [16]、スーパーマーケットの **POS 端末** [17] などが、日常生活でよくお目にかかるコンピュータシステムの入力装置です。パソコンやスマホで使用されているディスプレイは入力装置と出力装置の両方の機能を兼ね添えています。

(2) プロセッサ

　プロセッサは、人間の頭脳に相当する部分であり、コンピュータに入力されたデータをメモリに記憶し、それらをソフトウェアで指示された処理手順にそって処理し、出力（情報）に変換します。迅速かつ正確にデータを処理することができます。それらの機能を行うために、プロセッサは主記憶装置、制御装置、演算装置から構成されます。

(3) 出力装置

　出力装置は、プロセッサが処理した結果（情報）を外部に出力します。業務の内容やデータ量に応じていろいろなタイプの出力装置が用意されています。パソコンのディスプレイ（画面）やプリンタ、銀行業務の ATM 端末（入出力兼用）などが、日常生活でよくお目にかかるコンピュータシステムの出力装置です。

(4) 補助記憶装置

　コンピュータには、2 種類の記憶装置があります。主記憶装置と**補助記憶装置**です。主記

16　ATM（Automatic Teller Machine）：現金自動預け払い機。
17　POS（Point Of Sales）：販売時点管理。商品が販売された現場（例：スーパーのレジ）で販売データを入力します。

憶装置は、プロセッサに含まれ、現在実行中のプログラムやデータを記憶します。補助記憶装置は、後で必要に応じて使用するプログラムやデータのファイル（データベース）を保存します[18]。

(5) 通信ネットワーク回線

　通信ネットワーク回線は、厳密にいえば、コンピュータではありません。しかし、最近のように、インターネットによるデータ処理が普及した時代では、コンピュータシステムの重要な一構成要素になっています。通信ネットワーク回線は、データ処理の主要な機能であるデータの伝送部分を受け持ち、場所と時間の制約を解消する役割を果たします。

(6) コンピュータシステムの構成

　図 1.7 は、コンピュータシステムの全体図を示しています。

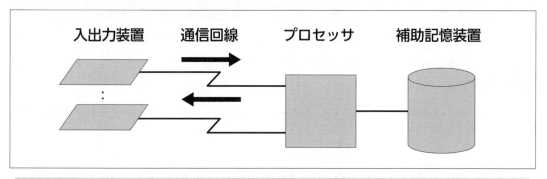

図 1.7　コンピュータシステムの全体図

　コンピュータシステムの構成は、入出力装置、プロセッサ、補助記憶装置、通信回線になりますが、中心になるデータ処理機能は、入力装置、プロセッサ、出力装置が行います。データの保存機能は補助記憶装置、データの伝送機能は通信回線が行います。

　企業のオンラインシステムでは、業務に応じた入出力端末が用意され、高性能のプロセッサとして汎用コンピュータが業務を迅速に処理します。インターネットではパソコンのディスプレイが入出力装置、プロセッサはインターネットに接続され、必要な処理を行うという役割を果たします。そのためには、パソコンにインストールされた**ブラウザ**[19] とインターネットへの接続サービスを行う**プロバイダ**[20] のサーバの組み合せが必要になります。このように、用途によって使用機種の役割が変わります。

18　補助記憶装置にあるプログラムやデータは、そのままでは実行できず、実行するときは、主記憶装置にロードします。
19　ブラウザ（Browse）：インターネットを検索し得られた情報を画面に表示するソフトウェア。Google の Chrome、Winduws の Edge などが広く使用されています。
20　プロバイダ（Provider）：通信回線をインターネットに繋げる役割を担う接続事業者。

1.3.3 ハードウェアの実装

　プロセッサや主記憶装置、HDD、SSD などのハードウェアを構成する要素は、通常、1 つの本体にまとめて内装されています。しかし、個人が使用するパソコンでは、それで十分ですが、データセンターのような大規模なデータ処理を行う業務などでは、多数のサーバを必要とするため、広いスペースが必要になります。この問題を解決するため、1 つのサーバを 1 枚の基板上に実装し、複数枚の基板をラック内部に搭載して、省スペース化を実現することがあります。この形態を**ブレードサーバ**[21] と呼んでいます。

1.4　ソフトウェア

　ソフトウェアは、コンピュータの利用技術で、ハードウェアの機能を利用して、レポートの作成、インターネット検索など、その時々に必要なデータ処理をコンピュータで実行できるようにします。

　ソフトウェアは大別して、システムソフトウェアとアプリケーションソフトウェアに分けられます。

> ・ソフトウェアは、システムソフトウェアとアプリケーションソフトウェアがある。

1.4.1　システムソフトウェア

　コンピュータを 1 つのシステムとして考えた場合、システムを効率的に稼動させる必要があります。**システムソフトウェア**は、コンピュータシステムの運用を制御、監視し、アプリケーションの実行を支援します。利用者に対してコンピュータの操作を容易にし、結果としてコンピュータシステム全体の処理効率向上に寄与します。

　システムソフトウェアは、**基本ソフトウェア**と**ミドルウェア**[22] に分けられ、前者は**オペレーティングシステム**（OS：Operating System）と呼ばれています。パソコンでは Windows、スマホでは iOS などが広く使われています。オペレーティングシステムについ

21　ブレードサーバ（Blade Server）：ブレードは刃。ラックに差し込む基盤を刃に見たてています。
22　ミドルウェアは、基本ソフトウェアとアプリケーションソフトウェアの中立ちの機能を行うため、そう名付けられています。

ては第9章で詳しく説明しています。

　後者の例として**データベース管理システム**（DBMS：Data Base Management System）があります。データベース管理システムは複数のアプリケーションソフトウェアで共有できるデータベースを管理します。データベース管理システムについては第11章で詳しく説明しています。

1.4.2　アプリケーションソフトウェア

　アプリケーション（応用）ソフトウェアは、利用者が自分の仕事をコンピュータに行わせるためのソフトウェアです。大別して、共通アプリケーションソフトウェアと個別アプリケーションソフトウェアがあります。

　共通アプリケーションソフトウェアは、ワープロソフトや表計算ソフトのような、いろいろなデータ処理業務に共通して使用されるものです。あらかじめ用意されており、使用者はブラウザが表示した画面上のアイコンをクリックするだけで使用できます。

　一方、**個別アプリケーションソフトウェア**は、企業の販売管理や給与計算など、個別の業務のために作成されたソフトウェアです。原則として、使用者が自分でプログラムを作成する必要があります。個別アプリケーションソフトウェアは、基本ソフトウェアの支援のもとに、必要に応じて、補助記憶装置からプロセッサの主メモリにロードされ、実行されます（図1.8）。

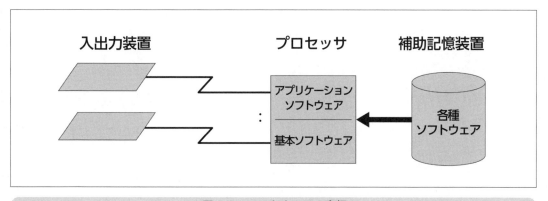

図1.8　ソフトウェアの実行

この章のまとめ

1 コンピュータはデータ処理を行うことを目的とした機器である。

2 データ処理には、データ処理機能（入力、処理・加工、出力）、データ保存機能、データ伝送機能が必要である。

3 データ処理に必要な機能をもとにコンピュータの構成要素が決定される。

4 コンピュータはハードウェアとソフトウェアから構成される。

5 ハードウェアは機器そのものであり、入力装置、プロセッサ、出力装置、補助記憶装置、通信ネットワーク回線でシステムを構成する。

6 ソフトウェアは、コンピュータの利用技術であり、システムソフトウェアとアプリケーションソフトウェアがある。

7 システムソフトウェアは、コンピュータシステムを効率的にコントロールし、システムとしての処理効率向上を図る。基本ソフトウェアとミドルウェアがある。

8 アプリケーションソフトウェアは、共通アプリケーションソフトウェアと個別アプリケーションソフトウェアに分けられる。前者はいろいろな業務に共通して利用され、後者は個別業務用に作成される。

|練|習|問|題|

問題1　1台のコンピュータでいろいろなデータ処理が可能であることを、ハードウェアとソフトウェアとの関連性をもとに簡潔に説明しなさい。

問題2　データ処理に必要な3つの機能について述べなさい。

問題3　コンピュータシステムのそれぞれの構成要素とデータ処理の機能との関連を示しなさい。

問題4　主記憶装置と補助記憶装置の違いについて説明しなさい。

問題5　システムソフトウェアとアプリケーションソフトウェアの役割の違いについて述べなさい。

第2章

入出力装置には
いろいろなものがある

教師：パソコンでレポートなどを作成するとき、使用者とコン
　　　ピュータの接点は、入力と出力だよね。

学生：データ入力はキーボード、出力はディスプレイです。

教師：キーボードでデータを入力するとき、何か困ったことは
　　　ない？

学生：慣れるまでは、文字の位置を探すのに苦労したけど、慣れれば、特に
　　　不便は感じません。

教師：レポートの文章を入力するときは特に問題ないけど、もし、コンビニ
　　　でレジ係がお客さんの購入商品のデータをキーボードで入力すると
　　　したらどうなるかな。

学生：たくさん商品を買ったら、入力に時間がかかって待ち時間が長くなり
　　　そうですね。

教師：キーボードは、コンビニには向かないよね。だからコンビニでは、
　　　入力に時間がかからない別のタイプの入力装置を使っているんだ。
　　　データ処理の内容によって、実はいろいろな入力装置、
　　　出力装置があるんだ。

この章で学ぶこと

1　コンピュータへのデータ入力の各種形態とそれぞれに対応する入力装置
　について理解する。

2　コンピュータからのデータ出力の各種形態とそれぞれに対応する出力装
　置について理解する。

2.1 入出力の形態

コンピュータでは、データの入力は入力装置、結果の出力は出力装置が行います。コンピュータへ入力されるデータには、いろいろなものがあります。

文字や数字、画像、音声、商品のバーコードなどの形で入力されます。出力も文書や画像、音声など必要に応じていろいろな形態で出力されます。

これらの入出力形態に対応して、コンピュータは、いろいろな入出力装置を用意しています[23]。

ここでは、その主なものを見ていくことにします。

2.2 入力装置

・コンピュータへの入力データ量が多いときは、入力時間を減らす工夫が必要であり、そのために業務によって入力形態が異なってくる。
・入力形態が異なる場合、それに見合った入力装置が必要になる。

入力装置は、データ処理に必要なデータを外部からコンピュータ内部に入力するための装置です。人間の目や耳に相当する部分です。入力されるデータは、コンピュータで処理する業務の内容によって、いろいろな形態のものがあります。その形態に応じて、入力装置はいろいろなタイプのものが用意されています。

2.2.1 コンピュータへのデータの入力方法

データの 3 つの入力方法
・直接入力：人間が手作業でキーボードなどから直接入力する。
・間接入力：コンピュータで読み取り可能な媒体（DVD など）からデータを入力する。
・媒体入力：データが記入された媒体（答案用紙など）から直接読み取る。

---

23 人間が目や耳で入力するデータもいろいろなものがあります。目から入力されるのは、本の文字、テレビの画像、自然の景色などがあります。また、耳からの入力もテレビの音声、自然の鳥の声であったりします。出力も口から声で出力したり、手で文書の形で出力したりします。

コンピュータにデータを入力する場合、考慮すべき点はデータの量です。データ量が多いときは、入力に時間がかかるので、それを減らす工夫が必要になります。処理する業務の内容によって、コンピュータに入力するデータ量は異なります。そのため、それぞれに応じた適切な入力方法をとる必要があります[24]。

コンピュータへのデータの入力方法は、大別して直接入力、間接入力、媒体入力の3つがあります。

直接入力は、使用者が手作業で直接コンピュータに入力する方法です。キーボードからの入力などがその例です。入力データ量が少ないときに便利です。

間接入力は、入力データを直接コンピュータに入力するのではなく、一度コンピュータで読み取り可能な記憶媒体に記憶させ、その記憶媒体を用いて、後でまとめてコンピュータに入力する方法です。入力データ量が多く、それらを迅速に一括入力したいときに用います[25]。

媒体入力は、データが記入された帳票（例：答案用紙）から直接コンピュータに入力する方法です。大量のデータを効率よくコンピュータに入力したいときに用います。直接入力のように人間の手作業を必要としないし、間接入力のように一度記憶媒体にデータを記憶させるための作業も必要ありません[26]。

2.2.2 代表的な入力装置

直接入力：キーボード、マウス、タッチパネル
間接入力：CD、DVD
媒体入力：バーコードリーダ、スキャナ、カメラ、OMR、OCR

(1) 直接入力の装置

直接入力のための代表的な入力装置として、キーボードがあります（図2.1）。キーボードは、キーによって文字や数字を1字ずつ入力します[27]。

24　たとえば、レポート作成の場合は、データ量は手作業で入力できる程度です。しかし、大学入学共通テストの答案を入力する場合は、受験者が数十万人もいるため、手作業では無理で、別の入力方法が必要になります。

25　間接入力は、コンピュータで読み取り可能な記憶媒体にデータを入力するための時間が必要になります。この作業は、通常、ソフトウェア会社などの熟練者に依頼します。

26　媒体入力は、帳票データを直接コンピュータに入力できる特殊な入力装置が必要になり、コストが高くなります。

27　キーボードは、文字キーの他に、かな入力の切り替え、漢字変換、改行などのキーにより、意図する内容を入力できるようになっています。

　また、キーボードと併用するおなじみの**マウス**も直接入力用の入力装置の 1 つです。マ
ウスは、**ポインティングデバイス**と呼ばれる入力装置の一種で、パソコンのディスプレイ画
面上の位置を矢印（ポインタ）で指示することで、画面上の情報をコンピュータに入力しま
す（図 2.2）。

図2.1　キーボード

図2.2　マウス

図2.3　ATM

　タッチパネルとしては、タブレット PC やスマホでの使用があります。タブレット PC や
スマホでは、携帯を可能にするため、必要なときにディスプレイ上にキーボードを表示し、
タッチすることで文字入力を可能にしています。銀行の ATM のディスプレイもタッチパネ
ルを使用しています[28]（図 2.3）。

(2) 間接入力の情報媒体

　間接入力で使用される情報媒体は、かつては、磁気テープが中心でした。**磁気テープ**は、
大量のデータを記憶する補助記憶装置の 1 つであり、データが記憶された後、入力装置
としてコンピュータ内部へのデータ入力のために使用されます。現在では、BD（Blue-ray
Disk）（図 2.4）や DVD（Digital Versatile Disk）が主流になっています。

28　ATM は、預金の預入れ、払い出し、残高照会、記帳などの銀行業務を行うために設計されています。
　　利用者による操作をやりやすくするために、画面上に表示された機能を選択し、タッチするだけで利
　　用者の要求がコンピュータに入力できるようになっています。

図 2.4 BD

(3) 媒体入力の装置

媒体入力の場合は、帳票に記入された手書きの文字やマークをそのまま光学的に読み取る
OCR、**OMR** がよく使用されます。OCR（図 2.5）や OMR [29] は、大量のデータをコンピュー
タに入力する必要のあるときに使用します。

図 2.5 OCR

図 2.6 バーコードリーダ

図 2.7 QR コード

スーパーマーケットのレジやレストランのウエイトレスが持っている **POS 端末の**バー
コードリーダ（図 2.6）も媒体入力用の入力装置の 1 つです。バーコードリーダは、顧客が
購入した商品の**バーコード** [30] を読み取り、コンピュータに入力します。同様に、スマホでは
装着されているカメラで **QR コード** [31] を読み取り、インターネット上の情報を検索できるよ
うにしています。また、出力装置であるプリンタにスキャン（走査）機能を持たせ、文書を
そのままの状態で読み取ることを可能にしています。

---

29 OCR（Optical Character Reader）：光学式文字読み取り装置、OMR（Optical Mark Reader）：光
学式マーク読取装置。OCR は文字を、OMR はマークを読み取ります。マークを付ける答案用紙など
は OMR が適しています。
30 バーコード：バーの太さと間隔の組合せで 13 桁の数字を表現できる。13 桁で商品の国、メーカ、品
目を表現します。
31 QR コード（Quick Response Code）：縦と横を利用した 2 次元コード。バーコードよりコード化で
きる情報量が多く、文字データだけでなく、画像、インターネットのアドレスなどを埋め込むことが
できます。

2.3 出力装置

2.3.1 出力形態

・ハードコピー：後に残る出力（プリンタ出力など）
・ソフトコピー：コンピュータ稼働中だけの出力（画面出力など）

出力装置は、プロセッサで処理された結果を外部に出力します。外部に出力する場合、後に残るものへの出力（**ハードコピー**）とコンピュータ稼動中だけ出力（**ソフトコピー**）するものの 2 つの形態があります。

2.3.2 代表的な出力装置

(1) プリンタ

ハードコピー用の代表的な出力装置は**プリンタ**です。プリンタは、データを紙面に出力します。出力結果を長期に保管しておくことができます。

プリンタには、印字方式や印字単位によりいろいろな種類に分類できます。

(a) 印字方式による分類

・プリンタは、印字方式により、インパクト方式とノンインパクト方式に分類できる。
・ノンインパクト方式には、レーザプリンタとインクジェットプリンタがある。

プリンタは、印字方式によって、**インパクト方式**と**ノンインパクト方式**があります。インパクト方式は、出力データを活字やドットで紙に打ち付けて印刷します[32]。ノンインパクト方式では、**レーザプリンタ**（図 2.8）と**インクジェットプリンタ**（図 2.9）がよく使用されています。レーザプリンタは、1 ページ分のデータをドラム上に静電気で記録し、トナーを付着させた後、紙に転写し、トナーをレーザで加熱して溶かし定着させます。インクジェットプリンタは、細い管からインクの微細な粒子を紙に吹き付けて、1 字ずつ印字します。

---

32 インパクト方式は、複写が取れるという利点がある反面、音がうるさいという欠点があります。

図 2.8　レーザプリンタ

図 2.9　インクジェットプリンタ

　ノンインパクト方式のプリンタは、活字などを紙に打ち付けないので、複写はできないものの、音は静かです。

(b) 印字単位による分類

・シリアルプリンタ：1 文字ごと印字。速度遅い。
・ラインプリンタ：1 行ごと印字。速度中間。
・ページプリンタ：1 ページ単位で印字。速度速い。

　プリンタは、印字の単位によっても分類できます。1 文字ごとに印字するシリアルプリンタ、1 行分を一度にまとめて印字するラインプリンタ、1 ページ分を一度にまとめて印字するページプリンタがあります。一度に印字する量が少ないときはその分印字速度が遅くなり、量が多いときは印字速度が速くなります [33]。

(c) 印刷性能

　プリンタの**印刷性能**を評価する場合、解像度や印刷速度で見ることがあります。**解像度**は 1 インチあたりのドット数（dpi）[34] で表現します。dpi の大きなプリンタが鮮明な印刷を行います。たとえば、インクジェットプリンタでは 300 〜 1200dpi 程度、レーザプリンタでは 300 〜 2400dpi です。**印刷速度**は 1 分間に印刷できるページ数などで表します。インクジェットプリンタで 0.5 〜 2 枚、レーザプリンタで 4 〜 12 枚程度です。主なプリンタの種類と特徴をまとめると表 2.1 のようになります。

33　インクジェットプリンタはシリアルプリンタで印字速度は遅く、レーザプリンタはページプリンタで印字速度は速くなります。
34　dpi（Dot Per Inch）

表 2.1　プリンタの種類と特徴

	プリンタ		
	インパクト方式	ノンインパクト方式	
		インクジェットプリンタ	レーザプリンタ
動作	活字やドットを紙に打ち付ける	1 字ずつインクの粒子を吹き付ける	1 ページ分のデータにトナーを付着させ、レーザで加熱し、トナーを定着させる
印字単位	シリアル	シリアル	ページ
速度	遅い	遅い	速い
価格	安い	安い	高い
音	うるさい	静か	静か
備考	複写がとれる	カラー可能	カラー可能、図形、画像の印刷可能

(d) 3D プリンタ

図 2.10　3D プリンタ

　一般的に、プリンタは紙に文字や図を印刷するものですが、**3D プリンタ**[35]は立体物を作成します。コンピュータで 3 次元ソフトウェアを実行して得られた 3 次元データをもとに、立体物を作成します。用途は広く、家庭用、企業用など様々なものが製品化されています。家庭用では、子供のおもちゃ、企業用では建築物の模型の作成などが可能であり、作成時間の短縮、品質の向上などメリットが指摘されています。また、人間の細胞をまとめて新しい組織を作り、医療に役立てる研究も行われています。

(2) ディスプレイ

(a) ディスプレイの種類と特徴

　ディスプレイは、画面上に文字や画像を表示する出力装置です。キーボードやアイコンも

35　3D プリンタ（3Dimension printer）

表示でき、それを操作することで入力装置としても機能します。ディスプレイには、液晶ディスプレイ[36]、**有機 EL ディスプレイ**[37] が広く使用されています。以前は **CRT ディスプレイ**[38] も使用されていましたが、最近ではほとんど使われなくなりました。

　液晶ディスプレイ（図 2.11）は、CRT ディスプレイに比べて薄くて消費電力も小さいので、主としてパソコンに使用されていますが、最近では、その他の出力端末にも多く使用されています。ただ、画面を明るくするためにバックライトが必要であり、必要としない有機 EL ディスプレイと比較すると難点があります。また、かつては、視野角が狭くて、少し横から見ると、見にくかったり、表示速度が遅いなどの問題点があったのですが、現在では、液晶技術の進歩により、これらの欠点が解消されています。

　液晶には、STN 液晶と TFT 液晶があります。**STN（Super Twisted Nematic liquid crystal）型**は、安価ですが、視野角が狭い、表示速度が遅いという欠点があり、最近では使われなくなっています。一方、**TFT（Thin Film Transistor）型**は、少し高価ですが、視野角が広く、表示速度が速いため、広く普及しています。

　有機 EL ディスプレイ（図 2.12）は、電圧を加えると自ら発光する有機体を使用したディスプレイです。液晶ディスプレイで採用されている画面を明るくするためのバックライトが必要でなく、その分、薄型になります。かつては大型の画面にすることが難しかったのですが、現在では大型も可能になり、スマホや PC、テレビなどに多く使用されています。

　CRT ディスプレイ（図 2.13）は、昔テレビでも使用されていたブラウン管を用いたものです。大型の汎用コンピュータやデスクトップ PC などで使用されていましたが、奥行きが広く場所を取ることや消費電力が大きいなどの理由で、最近は使われなくなっています。

図 2.11　液晶ディスプレイ　　図 2.12　有機 EL ディスプレイ　　図 2.13　CRT ディスプレイ

36　液晶ディスプレイ（Liquid Crystal Display）
37　有機 EL ディスプレイ（Organic Electro Luminescence Display）
38　CRT ディスプレイ（Cathode Ray Tube Display）

ディスプレイの種類と特徴をまとめると表2.2のようになります。

表 2.2　ディスプレイの種類と特徴

	液晶		有機 EL	CRT
	STN	TFT		
表示速度	遅い	速い	速い	速い
視野角	狭い	広い	広い	広い
奥行き	薄い	薄い	薄い	厚い
消費電力	小さい	小さい	小さい	大きい
価格	安い	高い	高い	安い

(b) 画像の品質

　画像の品質を評価するときは、解像度で行います。解像度とは、一画面を点（**画素**）に分解したときの画素の数で表し、何段階かの規格が設定されています。規格は画面の横と縦の画素の数で段階を設定しています[39]。画面全体の画素の数は横の画素数と縦の画素数を掛け合わせたものになります。画素の数が多いほど解像度が高くなり、画像を鮮明に表示できます。

COLUMN

有機 EL ディスプレイ

　有機 EL ディスプレイは、電気を通すと発光する有機材を使用しているため、液晶ディスプレイのようにバックライトの必要性はありません。また、発色も鮮明など利点が多いため、現在では、スマホ、タブレット、PC、テレビなどで広く使用されています。有機 EL の技術では、日本は中国や韓国に先行していましたが、日本の電機産業が事業化への投資を足踏みしている間に、韓国のサムソン電子などが大型の投資を行い、市場シェアを拡大して行きました。市場シェアを挽回するために、日本では、ソニーとパナソニックの有機 EL 技術を引き継いで JORED という企業を立ち上げましたが、ビジネスとしてはうまくいかず、巨額の損失が発生し、残念ながら 2023 年3 月民事再生法を申請する事態に至りました。JORED の技術、開発部門はジャパンディスプレイ（JDI）が引き継ぐということです。JDI の活躍を期待したいところです。

39　解像度の規格では、画素数が少ないものは横×縦で 640 × 480、高いもので 3200 × 2400 になっています。

この章のまとめ

1 コンピュータへの入力データ量が多いときは、入力時間を減らす工夫が必要であり、そのために業務によって入力形態が異なってくる。

2 入力形態が異なる場合、それに見合った入力装置が必要になる。

3 コンピュータへのデータ入力には、直接入力、間接入力、媒体入力の3つの方法がある。

4 代表的な入力装置として、直接入力はキーボード、間接入力はCD、DVD、BD、媒体入力はOCR、OMR、バーコードリーダなどがある。

5 コンピュータの出力形態として、ハードコピー（後に残る出力）とソフトコピー（コンピュータ稼働中だけの出力）がある。

6 代表的な出力装置として、ハードコピーはプリンタ、ソフトコピーはディスプレイがある。

7 プリンタは、インパクト方式のものとノンインパクト方式のものがある。また印字単位でシリアルプリンタ、ラインプリンタ、ページプリンタに分けることもある。

8 ディスプレイは、CRT方式と液晶ディスプレイ、有機ELディスプレイのものがある。最近は、液晶ディスプレイや有機ELディスプレイのものが主流になっている。

練|習|問|題

問題 1 コンピュータへのデータ入力方法を 3 つあげ、それぞれの入力方法について説明しなさい。またそれらの入力方法が必要になる理由を簡単に述べなさい。

問題 2 問題 1 の 3 つの入力方式を代表する入力装置をそれぞれ 1 つあげなさい。

問題 3 レーザプリンタがインクジェットプリンタより印刷速度が速い理由について簡単に説明しなさい。

問題 4 液晶ディスプレイや有機 EL ディスプレイが CRT ディスプレイより優れている点を 2 つあげなさい。

問題 5 入出力装置に関する次の記述で、正しいものには○、正しくないものには×を付けなさい。

（1）入力データ量が多いときは、キーボードから直接入力してよいが、データ量が少ないときは、OCR や OMR などを用いた入力方法が適している。

（2）銀行の ATM 端末のディスプレイ画面は、出力装置であり、入力装置ではない。

（3）液晶画面には、STN 型と TFT 型がある。STN 型は安価だが、表示速度は遅い。TFT 型は高価だが、表示速度が速く、広く普及している。

（4）インパクト型のプリンタは、印刷速度は遅いが、複写をとることができる。

（5）有機 EL 画面は画面を明るくするためにバックライトが必要で、その分、液晶画面より消費電力量が大きい。

第 **3** 章

プロセッサの仕組みは
どうなっているのだろう

教師：コンピュータの使用者は、入力と出力部分にどうしても
注意が行きがちだよね。でもコンピュータの要は何といっ
てもプロセッサなんだ。プロセッサは、人間の頭脳に相
当する部分だからね。

学生：ノートパソコンやスマホでは、ディスプレイの裏に隠れていて目立た
ないけどなあ。

教師：昔は、部屋一杯を占めるほど大きなプロセッサもあったんだ。大きけ
れば、なんとなく凄いことをやるように見えるけど、小さくなっても、
やってることは凄いんだよ。

学生：！！

教師：今回から、プロセッサについて詳しく検討してみよう。まず、プロセッ
サの中の動きを見てみることにしよう。

この章で学ぶこと

1　プロセッサの役割を理解する。

2　プロセッサの構成要素である主記憶装置、制御装置、演算装置の機能を
理解する。

3　ソフトウェア（プログラム）が、プロセッサと連携しながら作業を進め
ていく仕組みを理解する。

4　機械語命令について理解する。

3.1　プロセッサの役割について知ろう

・プロセッサは、入力データを加工し、出力を生成する。
・プロセッサで何を行うかはソフトウェア（プログラム）が指示する。

　データ処理は、入力データを加工し、仕事に必要な出力データを生成します。コンピュータでデータ処理を行う場合、プロセッサを中心に行います。プロセッサは、入力装置からデータを読み取り、それを加工し、その結果を出力装置に出力します。

　プロセッサは、コンピュータシステムの要です。人間の頭脳に相当する部分であり、コンピュータシステムで何を行うかを判断し、実行します。必要に応じて入出力装置など関連装置に的確な指示を出し、システム全体を制御します。

　プロセッサに何を行うかを指示するのはソフトウェアです。プロセッサは、主メモリに蓄えられたソフトウェア（プログラム）の命令を逐次解読しながら作業を進めていきます。それを行うために、プロセッサは、主記憶装置、制御装置、演算装置を持ちます。これらの装置の連携をとりながら、プロセッサは、ソフトウェアの指示に従い、仕事を進めていきます。

3.2　プロセッサが仕事を実行する仕組み

3.2.1　プロセッサの構成要素

主記憶装置：実行するプログラムとデータを格納する。
制 御 装 置：プログラムの命令を解読し、実行のためにコンピュータシステムの
　　　　　　各要素に指示を出す。
演 算 装 置：プログラムの命令が指定している演算を行う。

　プロセッサは、主記憶装置、制御装置、演算装置を持ちます。プロセッサが仕事を進めていく仕組みを理解するために、まず、これらの装置の役割と機能について見てみることにします。

(1) 主記憶装置

主記憶装置は、入力装置から入力されたデータやそれを処理するためのソフトウェア（プログラム）を格納します[40]。

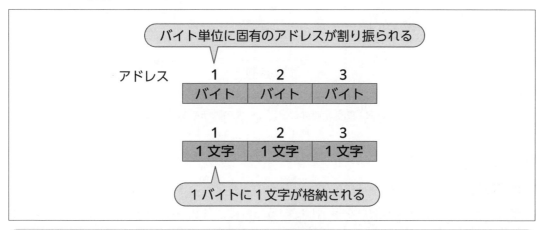

バイト単位に固有のアドレスが割り振られる

アドレス　　1　　2　　3

| バイト | バイト | バイト |

1　　2　　3

| 1文字 | 1文字 | 1文字 |

1バイトに1文字が格納される

図3.1　主記憶装置

　主記憶装置は、実行中のプログラムやデータを蓄えられるだけの十分な大きさ（容量）をもつ必要があります。主記憶装置内に記憶された特定のデータの所在場所を明らかにするために、最小単位ごとに、固有の番地（アドレス）が割り振られています。最小単位は、通常、1文字が記憶できる大きさに設定します。1文字は、通常1バイト（第4章参照）に記憶されるのが普通であり、バイト単位に固有のアドレスが割り振られます（図3.1）。

(2) 制御装置

　制御装置は、処理中のプログラムの指示手順にそって、コンピュータシステム全体の動作を制御します。主記憶装置にあるプログラムの命令を逐次1つずつ読み取り、何をするべきかを判断し、入出力装置や演算装置に行うべきことを指示します。

　たとえば、命令が「入力装置からデータを入力せよ」と指示しているときは、入力装置にデータの読み取りを指示します。入力装置から読み取ったデータは、命令が指示した主記憶装置のアドレスに記憶します。そして、次の命令が「そのデータになんらかの演算処理を要求する」ものであれば、制御装置は演算装置にそのデータを演算するように指示を出します（図3.2）。

40　コンピュータの記憶装置には、主メモリの他に補助記憶装置がありますが、そのとき実行されているプログラムやデータは、主メモリ内に記憶されていなければなりません。

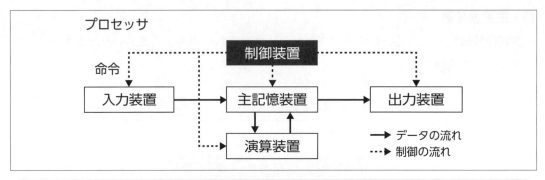

図 3.2 制御装置はコンピュータの動作を制御する

(3) 演算装置

演算装置は、制御装置の指示に従い、データの演算を行います。プログラムの命令が、主記憶装置内のあるデータの演算を指示している場合は、各装置は次のように連携をとりながら処理します。

① 制御装置が主記憶装置内からそのデータを取り出し、演算装置内にあるレジスタに格納します[41]。

② 演算装置は、制御装置の指示にしたがい、レジスタ内のデータを用いて指示された演算を行います[42]。

③ 演算結果は、指定された主記憶装置の場所に戻されます。演算対象になるデータの主メモリ内の所在場所及び演算結果を保存する場所は、命令内にアドレスで指定します。

プロセッサは、主記憶装置、制御装置、演算装置を互いに連携させながら、仕事を実行していきます。仕事を処理していく手順は、主記憶装置に蓄えられたプログラムの指示に従います。そこで、まずプログラムとは何か、また、それを構成する命令について具体的に見てみることにします。

---

41 レジスタはメモリの一種で、主メモリより高速小容量です。演算や制御に関わるデータを一時的に記憶するのに用いられます。

42 演算装置は、単に数値の四則演算だけを意味するものではありません。論理積（AND）、論理和（OR）、否定（NOT）などの論理演算も行います（第4章参照）。

3.3　プログラムの実行

3.3.1　プログラムとは何か

　コンピュータは、ハードウェアとソフトウェアを互いに連携させながら仕事を実行します。ハードウェアは、機器そのものであり、データ入出力やデータ処理の基本的操作（記憶、制御、演算）だけを行います。それを上手く組み合わせて、目的にそった仕事を行わせるのはソフトウェアです。ソフトウェアはプログラムとも呼ばれています。

　・プログラムは仕事の手順を指示する。
　・プログラムは命令の集まりである。
　・プログラムは、命令によってハードウェアに何を行うかを指示する。

　プログラムは、仕事ごとに作成されます。仕事の処理手順は、仕事ごとに異なります。したがって、プログラムはそれぞれの仕事の処理手順にそって作成されます。処理手順は一連の命令によって指示します。プログラムで仕事の処理手順を記述するとはどういうことか、簡単な例で見てみます。

例題

「2つのデータA、B[43]を入力し、それらを加算した答Cを求める。加算後、Cを印刷出力する。」
　この問題をコンピュータで処理するための手順は、次のようになります。
　①　2つのデータを入力装置から入力し、主メモリのAとBに記憶する。
　②　AとBに記憶されているデータを加算し、答を主メモリのCに蓄える。
　③　Cにあるデータを印刷出力する。

　このような処理手順をアルゴリズムといいます。アルゴリズムにそって命令を組み立てたものがプログラムです。

43　プログラムでデータを処理するときは、それぞれのデータに固有の変数名を付けて扱います。変数名は、プログラム作成時にプログラミング言語の規約にそって、作成者が自由に付けることができます。例題のA,B,Cは変数名です。それぞれの変数は、プログラムが実行されるときに、記憶するためのアドレスが割り当てられます。定数と異なり、1つの変数は、その時々の入力データによって異なる値をとることができます

3.3.2　プログラムを実行する仕組み

　図3.3は、コンピュータが、先の例題をプログラムで指示した手順にそって処理していく様子を示しています。

　図中の①〜⑪は時間的な順序を示しています。また、矢印の実線はデータの流れ、点線は制御指令の流れを示しています。この問題を処理するプログラムは、あらかじめ作成されていて、補助記憶装置に保存されているものとします。主記憶装置、制御装置、演算装置、入出力装置がどのように連携をとりながら、このプログラムを実行していくかを時間的に順序立てて見ていくと、次のようになります。

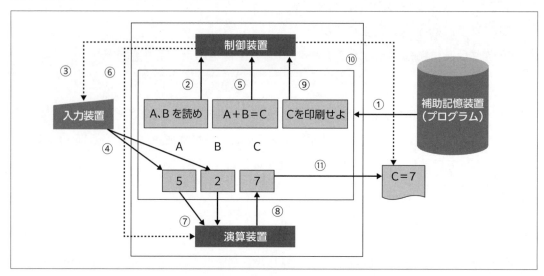

図3.3　例題を処理するプログラムの実行

①　このプログラムを実行可能な状態にするために、補助記憶装置から主記憶装置にプログラムをロードします。

②　制御装置は、プログラムの最初の命令「入力装置から2つのデータを読み取り、主メモリのA、Bに記憶せよ」を主記憶装置から読み取り、その命令が何を行うものかを解読します。

③　命令がデータの入力に関するものであるため、制御装置は入力装置にデータを読み取るよう指示します。

④　入力装置は制御装置の指示に従い、2つのデータA、B（この例では5と2）を読取り、それらを主記憶装置のA、Bに割り当てられたアドレスに格納します。

⑤　次に、制御装置はプログラムの2番目の命令「AとBを加算し、答をCに蓄えよ」

を主記憶装置から読み取り、命令を解読します。

⑥　命令の解読結果により、制御装置は、AとBを演算レジスタに移し、演算装置に「A＋B＝C」の演算を行うよう指示を出します。

⑦　演算装置は、その指示に従い、A, Bのデータを加算し、答Cを求めます。

⑧　演算装置は、主記憶装置のCのアドレスに加算結果を格納します。

⑨　制御装置はプログラムの3番目の命令「Cのデータを印刷出力せよ」を主記憶装置から読み取り、解読します。

⑩　制御装置は解読結果をもとに、出力装置（プリンタ）にデータの出力を指示します。

⑪　出力装置は、制御装置の指示に従い、主記憶装置内のデータCを印刷出力します。

　この例からわかるように、実行するプログラムとデータは、主記憶装置に蓄えられます。制御装置は、プログラムの1つ1つの命令を解読し、関連装置に指示を出します。その指示に従って、関連装置が適切な処理を行います。

　結果として、プログラムが指示した処理手順にそって問題を解決していくことになります。

3.4　プログラムの命令

3.4.1　命令の構造

　プログラムは、最初、JAVAなどの日常言語に近いプログラミング言語を用いて作成します。コンピュータでそれを実行するときは、**コンパイラ**[44]によってハードウェアが理解できる**機械語命令**に翻訳されます。1つの機械語命令は、基本的には、操作対象のデータを指定する部分（**オペランド部**またはアドレス部と呼ぶ）と操作内容を指定する部分（**オペレーション部**または**命令コード部**と呼ぶ）で構成されます（図3.4）[45]。

オペレーション部	オペランド部

図3.4　機械語命令

44　コンパイラはプログラミング言語で書かれたプログラムを機械語に翻訳するソフトウェアです（第10章参照）。

45　1つ1つの機械語の命令は、基本的には、「どのデータをどうするのか」を指示するようになっています。たとえば、「AとBを加えよ」といったことを1つの命令で指示します。

　オペランド部で、操作対象になるデータを指定するときは、そのデータが貯えられている主メモリのアドレスを指定します。このアドレス指定の方法には、コンピュータの機種によっていくつかの方法があり、それによって、オペランド部の形式も変わってきます。

3.4.2　命令の例

　具体例で、オペレーション部とオペランド部を見てみます。先の例で、A + B = C の演算を行わせる場合、プログラミング言語で次のように書くことができます[46]。

① 　　LD　REG1,A

② 　　ADD　REG1,B

③ 　　LD　C,REG1

　このプログラムは、あくまでも 1 つの例に過ぎませんが、それぞれの命令の左端の 'LD' とか 'ADD' は、その命令で何を行うかを指示する部分で、機械語ではオペレーション部に変換されます。そして、残りの右側の部分、'REG1' とか 'A' などが、オペランド部に変換されます。

COLUMN

主記憶装置と補助記憶装置

　主記憶装置と補助記憶装置の関係は、勉強するときの机の上の空間と引き出しの関係にたとえることができます。すべての科目のノートは、普段それを収納できるだけの大きさをもった引き出しに保存しておきます。ある科目の勉強をするときは、引き出しからその科目のノートだけを取り出し、机の上に開いて勉強します。

　主記憶装置は、机の上の空間であり、補助記憶装置は引き出しに相当します。机の上の広さは限度があり、すべての科目のノートを同時に開いておくことはできません。そのとき必要なノートだけを開くことになるはずです。主記憶装置も大きさに限度があり、そのとき必要なプログラムやデータだけを記憶します。

　補助記憶装置は、主記憶装置よりも、容量的に大きなものが要求されます。最近のコンピュータでは、通常、補助記憶装置としてディスクを用います。

46　①は、変数 A の値を REG1 というレジスタに格納することを指示しています。②は A の値を格納した REG1 に変数 B の値を加算するよう指示しています。③は REG1 の値（A と B を加算した答）を C のアドレスに格納することを指示しています。

この章のまとめ

1　プロセッサは、入力データを処理・加工し、出力を生成する。

2　プロセッサは、下記の機能を持った主記憶装置、制御装置、演算装置で構成される。

　　主記憶装置：実行するプログラムとデータを格納する。

　　制御装置　：プログラムの命令を解読し、実行できるようコンピュータシステムの各要素に指示を出す。

　　演算装置　：プログラムの命令が指示する演算を行う。

3　プロセッサで何を行うかは、ソフトウェア（プログラム）が指示する。

4　プログラムは命令の集まりであり、一連の命令で仕事の手順を指示する。

5　プログラムは、日常言語に近いプログラミング言語で作成され、それをコンパイラで機械語に変換する。プロセッサは、機械語の命令を解読し、仕事を進める。

6　命令はオペレーション部とオペランド部で構成される。オペレーション部は、操作内容を指示し、オペランド部は、操作対象のデータを指定する。

|練|習|問|題|

問題1　コンピュータの基本構成要素を示す図中の空欄①〜⑤に適切な用語を記入しなさい。ただし、図中の実線はデータの流れ、点線は制御の流れを示します。

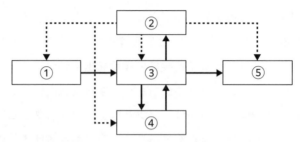

問題2　次の文はプロセッサに関する何について説明したものですか。（　　）内に適切な用語を入れなさい。

（1）　主記憶装置内にあるプログラムの命令を1つずつ取り出し、それを解読し、関連装置に操作指示を出す（　　　）。

（2）　実行中のプログラムとデータを記憶する（　　　）。

（3）　命令が指示する演算を行う（　　　）。

問題3　プログラムに関する下記の説明文の（　　）内に適切な用語を入れなさい。

プログラムは仕事の手順を示す一連の（　a　）から構成される。

（　a　）は（　b　）部と（　c　）部で構成され、（　b　）部は操作内容を、（　c　）部は処理すべきデータのアドレスを指定する。

第 4 章

データはコンピュータの内部でどのように表現されるのだろうか（Ⅰ）
－２進数について理解しよう－

教師：人間が普段の生活で使っている数値は 10 進数だよね。

学生：1 円玉が 10 個で 10 円、10 円玉が 10 個で 100 円。同じ単位のものが 10 個集まれば 1 桁多くなる。

教師：ところが、コンピュータは基本的に 10 進数ではものごとを考えない。2 進数で考えるんだよ。

学生：？？

教師：それでは、コンピュータの世界がなぜ 2 進数なのか、2 進数はどのような特徴を持った数値なのか説明することにしよう。

学生：数学は苦手なんだよな。

教師：算数の知識があれば十分だよ。

この章で学ぶこと

1 コンピュータで扱うデータがなぜ 2 進数なのかを理解する。

2 2 進数の仕組みを 10 進数と比較しながら理解する。

3 2 進数から 10 進数、10 進数から 2 進数への変換ができるようになる。

4 2 進数の四則演算ができるようになる。

5 論理演算について理解する。

4.1 2 進数とは

4.1.1 コンピュータはなぜ 2 進数を扱うのか

> ・コンピュータで扱うデータは 2 進数である。

　普段の生活で扱う数値は **10 進数**です。100 円ショップの商品の値段はほとんど 100 円です。消費税 10% を加えると 110 円になります。いずれにせよ、100 円も 110 円もともに 10 進数です。人間は子供の頃から 10 進数に慣れ親しんでいるので、10 進数の数を扱うのに特に抵抗はありません。

　ところが、コンピュータが扱う数値は **2 進数**です。理由は、コンピュータが電子回路 (IC) の集まりでできた機器だからです。コンピュータでは、数を扱うときも電子回路がベースになります。1 桁の数値を表現する場合、該当する電子回路に電流が流れたか流れていないかあるいは電圧が高いか低いかの二者択一で判断します。たとえば、電流が流れていれば 1、流れていなければ 0 と判断します。コンピュータのような機器を設計する場合、YES か NO かの判断だけで処理ができるようにすれば、仕組みが単純になり、設計が容易になるのです。

　コンピュータの世界は、0 と 1 から成り立っています。記憶装置に蓄えられるデータやプログラムも 0 と 1 の集まりで構成されます。0 と 1 の世界、これが 2 進数であり、コンピュータがデジタルマシンといわれる所以です。2 進数とは何か、10 進数とは何か、それぞれの仕組みを理解することによって、お互いの変換も可能になります[47]。

4.1.2 10 進数と 2 進数の仕組み

> ・10 進数は基数が 10 であり、10 ごとに 1 桁繰り上がる。
> ・2 進数は基数が 2 であり、2 ごとに 1 桁繰り上がる。

　10 進数は、各桁の数は 10 になると 1 桁繰り上がります。これを**基数**が 10 であるといいます。この要領でいくと、2 進数は、基数が 2 で、各桁は 0 か 1 のどちらかの数になり、2 になると 1 桁繰り上がることになります。たとえば、10 進数の 13 を例にとって考えて

47　コンピュータでのデータ処理を考える場合、2 進数の理解が不可欠です。コンピュータの世界が 2 進数であるため、日常生活で扱う 10 進数をコンピュータで処理させるためにはそれを 2 進数に変換しなければなりません。逆に、コンピュータの処理結果を日常生活で利用するときは、2 進数のままでは理解しにくいので、2 進数を 10 進数に変換する必要があります。

みましょう。13を10進数の式で表現すると

$$13 = 1 \times 10^1 + 3 \times 10^0$$

です。これを2進数で表現すると

$$1101 = 1 \times 2^3 + 1 \times 2^2 + 0 \times 2^1 + 1 \times 2^0$$

$$= 1 \times 8 + 1 \times 4 + 0 \times 2 + 1 \times 1 = 13 \text{（10進数）} \quad \cdots\cdots\cdots 式 ①$$

になります[48]。

1	3		1	1	0	1
↑	↑		↑	↑	↑	↑
十の位 (10^1)	一の位 (10^0)		八の位 (2^3)	四の位 (2^2)	二の位 (2^1)	一の位 (2^0)
(a) 10進数			(b) 2進数			

図4.1　10進数と2進数の位

　10進数では、桁が1つ上がるにつれ、一、十、百という具合に、前の桁の10倍になったのに対し、2進数では、桁が1つ上がるにつれ、一、二、四、八という具合に、前の桁の2倍になっていきます（図4.1）。そして、下位からn桁目の数は、2^{n-1}を掛けた大きさになります。10進数の13は、2の倍数に分解すると、8と4と1の和となるので、式①のように、1101という4桁の2進数で表されます。

4.1.3　コンピュータでの2進数表現

> ・コンピュータでは、2進数の1桁をビットという。ビットは0か1の2通り
> の数値を表す。

　コンピュータでは、ある回路に電流が流れているかいないかで2進数の1桁を表現します。この1桁の単位をビット（bit）と呼びます。1つのビットで0か1を表現し、1桁の2進数を表現します。ビットを2つ集めれば、2桁の2進数を表現できます。それぞれのビットで0、1を表現できるので、合わせて4通り（2^2）の組み合せが表現できることになります。つまり、10進数の0〜3までが表現できます（図4.2）。2進数の1桁目で、10進数の0、

48　10進数の各桁は基数が10ですから、右端の桁が10^0、以下桁が上がるごとに10^1、10^2、10^3を表します。この要領でいくと、2進数の各桁は、基数が2ですから、右端の桁が2^0、以下桁が上がるごとに2^1、2^2、2^3を表すことになります。

1を表現し、2になると桁が繰り上がって2桁目が1になっているのが読み取れるはずです。

	2進数		10進数
	0	0	0
	0	1	1
	1	0	2
	1	1	3
	(bit2)	(bit1)	

図4.2　2進数と10進数

4.2　2進数と10進数の変換

4.2.1　2進数から10進数への変換

$$10進数 = \sum_{n=1}^{n=n} i_n \times 2^{n-1} \quad \cdots\cdots\cdots\cdots\cdots式 ②$$

$$i_n は n 桁目 2 進数の数値$$

図4.3　2進数から10進数への変換

　2進数を10進数に変換するには、4.1.2の式①で説明した方法で計算すればできることになります。つまり、2進数の各桁の数値（0か1）にその桁の位の大きさ（2^0、2^1、2^2、2^3…）を掛けた結果を全部足せばよいのです。

　一般的に表現すれば、n桁の2進数を10進数に変換するには、下位からn桁目の数（0か1）に2^{n-1}を掛け、各桁の10進数の値の合計をもとめた結果が、その2進数を10進数に変換したものになります。少し難しい印象を与えますが、公式として表現すると図4.3の式②で表現できます[49]。

49　式②で、Σ（シグマ）は総和を示す記号です。パソコンで表計算ソフトなどを使用したことのある人には、合計を求める関数（SUM）のアイコンとしておなじみの記号です。この式は、n桁の2進数の1桁目からn桁目までのそれぞれの数値に2^{n-1}を掛けたものの合計が10進数の数値になることを示しています。

4.2.2　10進数から2進数への変換

次に、先ほどとは逆に、10進数を2進数に変換する方法を考えてみます。

> ・10進数の数値を2の倍数の数値の和に分解し、該当桁に1を立て、他の桁は0にする。

10進数の105を例にして、これを2進数に変換してみます。2進数の各桁は、下位の桁からそれぞれ1 (2^0), 2 (2^1), 4 (2^2), 8 (2^3), 16 (2^4), 32 (2^5), 64 (2^6), 128 (2^7) と1桁上がるごとに、前の桁の2倍の大きさになっていきます。10進数の105は、2の倍数の和として分解すると

$$105 = 64 + 32 + 8 + 1$$

になります。したがって、1桁目 ($2^0 = 1$)、4桁目 ($2^3 = 8$)、6桁目 ($2^5 = 32$)、7桁目 ($2^6 = 64$) に1を立て、他の桁は0にします。結果は、

$$105 = 1101001$$

になります。2の倍数に分解する過程をまとめると、表4.1のようになります。

表4.1　10進数105の2進数への変換

桁	大きさ	2進数	計算過程
7	64	1	105 - 64 = 41 ：7桁目に1
6	32	1	41 - 32 = 9　 ：6桁目に1
5	16	0	9 < 16　　　 ：5桁目は0
4	8	1	9 - 8 = 1　　 ：4桁目に1
3	4	0	1 < 4　　　　 ：3桁目は0
2	2	0	1 < 2　　　　 ：2桁目は0
1	1	1	1 - 1 = 0　　 ：1桁目は1

4.3 2 進数の演算

10 進数は、必要に応じて四則演算を行います。同様に 2 進数も四則演算は必要です。2 進数の四則演算の方法について考えてみます。

4.3.1 加算

・2 進数の加算は、最下位桁から順次上位桁へ行い、桁の加算結果が 2 になれば、上位桁に 1 を繰り上げる。

2 進数の加算は、10 進数と基本的に同じです。最下位桁から順に 1 桁ずつ上位桁へと加算を進めていきます。ただ、10 進数が同じ桁の数値を加えて 10 になれば、1 つ上位の桁に 1 を繰り上げたのに対し、2 進数の場合は、同じ桁の数値を加えて 2 になれば、1 つ上位の桁に 1 を繰り上げます。なぜなら、各桁が 1 つ下位の桁の 2 倍（基数が 2）になっているからです [50]。

例で考えてみます。10 進数の 2 と 3 の加算（答は 5)を 2 進数で行ってみます。コンピュータは、1 つの 2 進数を 8 ビットとか 16 ビットを使って表現することが多いため、ここでは、8 ビットで表現しています。結果は次の通りです [51]。

$$00000010 \text{（10 進数の 2）}$$
$$+\ 00000011 \text{（10 進数の 3）}$$
$$00000101 \text{（10 進数の 5）}$$

4.3.2 減算

・2 進数の減算は、最下位桁から順次上位桁へ行い、桁の減算結果が負になるときは、上位桁から借りてきて行う。

2 進数の減算は、加算の場合と同様、最下位桁から順に 1 桁ずつ上位桁へと計算を進めていきます。桁単位で考えると、0 から 0 を引く（答は 0）、1 から 0 を引く（答は 1）、1 か

---

50 2 進数の加算で答が 2 になるのは、同じ桁で 1 と 1 を加えた場合です。その他のケースとして、0 と 0（答は 0)、1 と 0（答は 1）の場合があります。しかし、これらの場合は、答が 0 か 1 なので、繰り上がりは発生しません。

51 2+3 の例では、最下位桁は 0 と 1 を加えるため答は 1 です。繰り上がりはなし。2 桁目は 1 と 1 を加えるため、答は 2 です。そこで、隣の上位桁（3 桁目）に 1 が繰り上がり、この桁は 0 になります。3 桁目は 0 と 0 で、これらを加えると答は 0 です。しかし、下位桁からの繰り上がりがあるので 1 になります。4 桁目以上は 0 と 0 を加えるので、答はすべて 0 になります。

ら1を引く（答は0）、0から1を引くの4通りのケースがあります。

前の3つのケースは、その桁だけで処理できます。しかし、0から1を引く4番目のケースでは、そのままでは引けないので、1つ上位の桁の1を借りてきて引きます。借りてきた1は、その桁では2に相当するので、2から1を引くことになり、答は1になります。ただ、上位桁の1は、下位桁に貸したので0になります。

10進数の5-3＝2を2進数で行った例を示します。

$$
\begin{array}{r}
00000101 \text{（10進数の5）}\\
-\ 00000011 \text{（10進数の3）}\\
\hline
00000010 \text{（10進数の2）}
\end{array}
$$

この例では、最下位桁は1から1を引くので、答は0です。2桁目桁は、0から1を引くので、上位桁（3桁目）から1を借りてきて引きます。3桁目の1は2桁目の2に相当するので、答は2-1＝1になります。3桁目は1を2桁目に貸したので、0から0を引くことになり、答は0になります。4桁目以上は0と0の引き算になります。答はすべて0になります。

4.3.3 乗算

(1) 2の倍数の乗算

> ・2進数の乗算は、ビット全体を左に論理シフトすることで行う。左に1桁シフトすると元の数値の2倍になる。

2進数では1桁上がるごとに2倍の大きさになっていきます。これは、2進数を表すビットを全体に1桁左にずらしたときは、元の値の2倍、2桁左にずらしたときは4倍になることを意味しています[52]。

2進数のビット全体を左右にずらすことを**論理シフト**といいます。左に論理シフトすることで、**2進数の乗算**ができることになります。

(2) 2の倍数以外の乗算

> ・2進数の乗算で、乗数が2の倍数でないときは、乗数を2の倍数の和に分解して、必要なシフトをした後、それらの和を求めればよい。

52　たとえば、00000110（10進数の6）を全体に1桁左にずらすと次のようになります。
　00001100
　この値は、10進数の12であり、元の値6の2倍になっています。もう1桁左にずらすと
　00011000
　になり、これは10進数の24を表しています。元の6の4倍になっています。

　論理シフトでできる乗算は 2 の倍数の場合だけです。脚注の例のように、6 を 2 倍して 12 を求めたり、4 倍して 24 を求めることはできます。

　しかし、現実には、6 を 10 倍にしたいことも当然出てくるはずです。このようなときは、10 が 2 の倍数でないので、少し工夫が必要になります。この場合は、次のような手順で行います。

　①　10 を 2 の倍数の和に分解する。

　②　分解したそれぞれに 2 の倍数の乗算を行う。

　③　②の結果を加算する[53]。

　このように、乗数が 2 の倍数でないときは、それを 2 の倍数の和に分解して、必要なシフトをした後、それらの和を求めればよいのです。この方法で、どんな乗数であっても乗算は可能になります。コンピュータでは、数値を表すビットをシフトすることが容易にできる（シフト用の命令が用意されています）ので、2 進数の乗算はこのような方法で行うのが一番簡単です。

4.3.4　除算

> ・**2 進数の徐算**は、ビット全体を右に論理シフトすることで行う。右に 1 桁シフトすると元の数値の 1/2 になる。

　2 進数の数値を左に論理シフトすると、元の値が 2 倍ずつ増えていき、結果として乗算ができました。逆に、右に論理シフトしていくと、桁が 1 桁ずつ低くなっていくため、元の値が 1/2 になっていきます。これは、2 の倍数で除算をしていることになります。

　徐算で、1 桁ずつ右にシフトしていくと、右端のビットが順にはずれていき、その代わり左に 0 が入ります。たとえば、

　　　　00000110　（10 進数の 6）

を右に 1 桁シフトすると

　　　　00000011　（10 進数の 3）

53　①　$6 \times 10 = 6 \times (8 + 2) = 6 \times 8 + 6 \times 2$
　　②　$6 \times 8 = 00110000$（6 を左 3 桁シフト）
　　　　$6 \times 2 = 00001100$（6 を左 1 桁シフト）
　　③　　00110000
　　　　+00001100
　　　　　00111100
　　　　（10 進数の 60）

になります。これは、6÷2=3の除算を行ったことを表しています。

　右端のビットが1になっている2進数を右シフトするときは、気をつける必要があります[54]。もとの2進数のビットが**整数**を表しており、小数点以下の値を表現するようになっていないため、答に小数点が付く（**実数**）場合は、小数以下を切り捨てた結果になってしまいます。

　例にあげたようなビット形式は、2進数の整数を表すものであり、**固定小数点数**といいます。固定小数点における徐算は、商は常に整数であり、小数点以下の数値は切り捨てられてしまいます。コンピュータで、小数点を含んだ数値（実数）を扱うときは、固定小数点ではなく、別の**浮動小数点数**の形式で表現する必要があります。

4.4　論理演算

　コンピュータ内部では、2進数の演算を論理回路によって行います。論理回路は、論理演算を組み合わせることによって演算を行います。本書では、論理回路は扱いません。しかし、その基本となっている論理演算の知識は、データベースでのデータ検索など他の分野でも広く使用されるため、ここで紹介しておきます。

> ・論理演算は、否定 (NOT)、論理和 (OR)、論理積 (AND) の3つが基本である。

　論理演算は、2進数の各桁のビットに対する演算です。論理演算には、基本的に、否定（NOT）、論理和（OR）、論理積（AND）の3つがあります。それぞれの論理演算を式（論理式）や表（真理値表）、図（ベン図）などで表現することができます。

4.4.1　否定 (NOT)

　否定 (NOT) は、2進数のビット値を反転させるための演算です。ビット値0を1に、あるいは1を0に反転します。論理式では

$$F = \overline{A}$$

と表現します。ここで、Aはもとの値、Fは演算結果を示します。

　Aの取り得る各値（ビット値）に対し演算結果（F）のビット値を表形式で示したものを

54　この例で、00000011をもう1桁右にシフトした場合（6÷4）、結果は00000001（10進数の1）になり、6÷4=1.5の正解になりません。その理由は右にシフトをした結果、右端の1（シフトすることで1÷2=0.5になるはずのもの）がはみだして、捨てられてしまったからです。

真理値表といいます。NOT の真理値表は次のように表現できます。

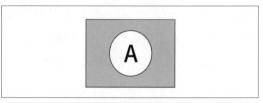

図 4.4 NOT

　否定演算では、A のビット値は 0 か 1 の値をとり、それぞれに対し F はその逆の 1、0 に
なります。

　同じことを図で表現することもできます。この図をベン図といいます。NOT のベン図は、
図 4.4 のようになります。**ベン図**の外側の四角枠は全体の領域を表しています。内側の円は
A を表しています。四角枠の円 (A) 以外の網掛け部分が A でない（NOT A）部分を表してい
ます。

4.4.2　論理和 (OR)

　論理和は、2 つの 2 進数 A、B の論理和を求める演算です。論理和は、2 つの 2 進数に対し、
ビット値のどちらかまたは両方が 1 であれば答は 1、両方とも 0 であれば答は 0 になるよ
うな演算です。論理式は

　　　　$F = A + B$

と書きます。真理値表は

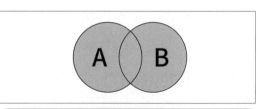

図 4.5　OR

になります。A と B が取り得るビット値は、それぞれ 0 か 1 です。A と B の組み合せとしては、
A の 0 に対する B の 0 か 1、A の 1 に対する B の 0 か 1 です。したがって、4 通りの組み
合せがあり、それぞれの場合の論理和の結果（F）を示しています。またベン図は、図 4.5
のようになります。外側の四角枠が全体領域、A と B の網掛け部分が A と B の論理和を表
しています。

4.4.3 論理積 (AND)

論理積 (AND) は、2つの2進数の論理積を求める演算です。論理積は、2つの2進数に対し、両方のビット値が1であれば答は1、その他の組み合せの場合は答が0になるような演算です。論理式は

$$F = A \cdot B$$

と表現します。真理値表は次のようになります。

```
A  0011
B  0101
F  0001
```

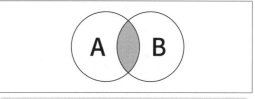

図4.6　AND

AとBの取り得るビット値の組み合せは、論理和の場合と同じです。しかし、論理積の答Fは、AとBの両方が1のときだけ1であり、他の場合はすべて0になります。ベン図は、図4.6になります。AとBの重なった部分がAとBの論理積になります。

この章のまとめ

1　コンピュータで扱うデータは 2 進数である。

2　2 進数は基数が 2 であり、2 ごとに 1 桁繰り上がる。

3　コンピュータでは、2 進数の 1 桁をビットという。ビットは 0 か 1 の 2 通りの数値を表す。

4　2 進数を 10 進数に変換するには

$$10 \text{ 進数} = \sum_{n=1}^{n=n} i_n \times 2^{n-1}$$

i_n は n 桁目 2 進数の数値

　で計算する。

5　10 進数を 2 進数に変換するには、10 進数の数値を 2 の倍数の数値の和に分解し、該当桁に 1 を立て、他の桁は 0 にする。

6　2 進数の四則演算

　加算：最下位桁から順次上位桁へ行い、桁の加算結果が 2 になれば、上位桁に 1 を繰り上げる。

　減算：最下位桁から順次上位桁へ行い、桁の減算結果が負になるときは、上位桁から借りてきて行う。

　乗算：ビット全体を左に論理シフトすることで行う。左に 1 桁シフトすると元の数値の 2 倍になる。

　除算：ビット全体を右に論理シフトすることで行う。右に 1 桁シフトすると元の数値の 1/2 になる。

7　論理演算（真理値表）

NOT		OR		AND	
A	01	A	0011	A	0011
F	10	B	0101	B	0101
		F	0111	F	0001

|練|習|問|題|

問題1　次の2進数は、10進数でいくらになりますか。

　　　① 1101

　　　② 1011

　　　③ 1001

問題2　次の10進数を4ビットの2進数で表しなさい。

　　　① 7

　　　② 11

　　　④ 15

問題3　次の10進数の演算を2進数で行いなさい。1つの2進数は8ビット
　　　で表現すること。

　　　① 3＋6

　　　② 8－3

　　　③ 3×6

　　　④ 9÷2

問題4　次の2進数A、Bの論理和と論理積を求めなさい。

　　　A　1110

　　　B　0111

第 5 章

データはコンピュータの内部でどのように表現されるのだろうか（Ⅱ）
－マルチメディアデータの表現方法について理解しよう－

教師：コンピュータが2進数の世界で稼動することについては理解できただろう？

学生：スイッチが ON のときは1、OFF のときは0と考えればよいのですよね。ただ1と0だけで、レポートの文章をどのようにして作るのかな。

教師：コンピュータについての疑問が、かなり具体的になってきたね。コンピュータでは、1と0の単位はビットだったよね。このビットをいくつか組合せて、文字や画像を表現するんだ。今回は、そのあたりを詳しく整理してみることにしよう。

この章で学ぶこと

1　文字のコンピュータ内部での表現方法を理解する。

2　パック10進数を理解する。

3　整数の固定小数点表現について理解する。

4　画像、音声などのデータ表現を理解する。

5.1 コンピュータで扱えるデータ

・コンピュータは、文字（英数字、日本語、記号）、画像、音声などマルチメディ
アデータが扱える。

　コンピュータは、マルチメディアデータを処理できます。マルチメディアデータとは、文字、画像、音声などのデータを指します。文字は、英字（アルファベット）やかな、漢字あるいは数字などをデジタルデータとして処理できます。漢字変換ソフトを利用することにより、ひらがなやローマ字で入力されたものを、漢字に変換することも可能です。また、入力された数字を計算できる数値としても処理できます[55]。また、本来はアナログデータである画像や音声をデジタルデータに変換して、処理することもできます。

5.2 文字の表現

・コンピュータは、文字をビットの値の組み合せで表現する。文字ごとにビット
の値の組合せを変えることで、特定の文字の識別を行う。

　コンピュータは、その基本構成要素である電子回路（IC）の特性から、データを2進数で扱うことは第4章で見てきました。2進数の1桁は、0か1の2通りの値を表現し、この単位をビットということも説明しました。1ビットで2通り（2^1）の値が表現できれば、2つのビットを組合せると4通り（2^2）の値を表現することができます[56]。

　この特性を利用して、コンピュータはそれぞれの文字や数字を異なるビットの組み合せで表現します。数字は文字としても表現できるし、数値としても表現できます。ただ、同じ数字でも、文字として扱う（この場合は計算には使用できない）か、計算可能な数値として扱うかでビットの組み合せが異なってきます。どちらの形式にするかは、使用目的に応じて使用者がプログラムを作成するときに指定します。

55　パソコンでワープロソフトを用いて、キーボードからローマ字、数字、ひらがななどを入力すれば、漢字やひらがな、数字、英字を含んだ文書が作成できます。また表計算ソフトを用いて、キーボードから入力した数値をもとに家計簿の1ヶ月の収入合計や支出合計などを計算することもできます。
56　一般的には、n個のビットを組み合わせれば、2^n通りの値を表現できることになります。

5.2.1 英数字や記号の表現

				b8	0	0	0	0	0	0	0	0	1	1	1	1	1	1	1	1
				b7	0	0	0	0	1	1	1	1	0	0	0	0	1	1	1	1
				b6	0	0	1	1	0	0	1	1	0	0	1	1	0	0	1	1
				b5	0	1	0	1	0	1	0	1	0	1	0	1	0	1	0	1
b4	b3	b2	b1		0	1	2	3	4	5	6	7	8	9	A	B	C	D	E	F
0	0	0	0	0	NUL	DEL	SP	0	@	P	'	p					ー	タ	ミ	
0	0	0	1	1	SOH	DC1	!	1	A	Q	a	q				。	ア	チ	ム	
0	0	1	0	2	STX	DC2	"	2	B	R	b	r				「	イ	ツ	メ	
0	0	1	1	3	ETX	DC3	#	3	C	S	c	s				」	ウ	テ	モ	
0	1	0	0	4	EOT	DC4	$	4	D	T	d	t				、	エ	ト	ヤ	
0	1	0	1	5	ENQ	NAC	%	5	E	U	e	u				・	オ	ナ	ユ	
0	1	1	0	6	ACK	SYN	&	6	F	V	f	v				ヲ	カ	ニ	ヨ	
0	1	1	1	7	BEL	ETB	'	7	G	W	g	w				ァ	キ	ヌ	ラ	
1	0	0	0	8	BS	CAN	(	8	H	X	h	x				ィ	ク	ネ	リ	
1	0	0	1	9	HT	EM	)	9	I	Y	i	y				ゥ	ケ	ノ	ル	
1	0	1	0	A	LF/NL	SUB	*	:	J	Z	j	z				ェ	コ	ハ	レ	
1	0	1	1	B	VT	ESC	+	;	K	[	k	{				ォ	サ	ヒ	ロ	
1	1	0	0	C	FF	FS	,	<	L	¥	l	¦				ャ	シ	フ	ワ	
1	1	0	1	D	CR	GS	-	=	M	]	m	}				ュ	ス	ヘ	ン	
1	1	1	0	E	SO	RS	.	>	N	^	n	̄				ョ	セ	ホ	゛	
1	1	1	1	F	SI	US	/	?	O	_	o	DEL				ッ	ソ	マ	゜	

▨ 2進数表記　　■ 16進数表記

図 5.1　コード体系（JIS 8単位符号表）

　コンピュータ内部では、通常、1文字を8ビットで表現します[57]。

　したがって、2^8=256種類の文字が表現できます。英字（26種類）、数字（10種類）、かな（48種類）、主要な記号（約30種類）を集めても、100種類程度なので、256通りの表現ができれば十分であることがわかります。文字ごとにビットの組合せを変えて表現します。図5.1は、JIS[58]が規定している文字ごとのビット値を示しています。

57　8ビット集めた単位をバイト（byte）と呼びます。コンピュータは、通常、1バイトで1文字を表現します。

58　JIS（Japanese Industrial Standards: 日本産業規格）

　この表では、1文字を表現する8ビットのうち、下位4ビットの値は各行に、上位4ビットの値は各列に示されています。たとえば、英字の大文字Aは01000001、小文字のaは01100001で表現されます。

　このように、1文字ごとに、8ビットの値の組み合せが異なるものを採用し、固有の文字をコンピュータ内部で識別できるようにしています。どの文字をどんなビットの組み合せにするかを決めたものをコード体系といいます。

5.2.2　漢字の表現

　漢字の種類は、第一水準で2965、第二水準で3390、併せると6000種類以上になります。したがって、漢字は8ビットで表現できません。そこで、漢字は16ビット（2バイト）使って表現する方式をとっています[59]。

5.3　計算対象になる数値の表現

　コンピュータでは、同じ数値でも、計算対象でない数値データと計算対象になる数値データは異なった表現をします。計算対象にならない数値データは、先に述べたように、文字扱いでコード化されます。

5.3.1　10進数表現

　・計算対象の数値は、10進数、2進数の両方の表現ができる。

　ここでは、計算対象になる数値データの表現方法についてみてみます。数値データの表現には、10進数表現と2進数表現があります。

　コンピュータ内部では、1桁の数値に4ビットを使用して、10進数を表現します。10進数の0~9までの10個の数字は、4ビット（2^4=16通り）あれば十分表現できるからです。1桁4ビットで表現する10進数をパック10進数と呼びます。パックとは、詰め込むという意味で、1バイト（8ビット）に2桁の10進数の数字を詰め込んだ形で表現しているので、そう名付けられています。

59　16ビット使えば、2^{16}=65536通りの表現ができます。これだけあれば、どんな文字でも表現できるため、世界の文字を16ビット表現に統一してしまおうとする規格をISO（国際標準化機構）がUnicodeとして設定しています。

　符合は最下位の数字の右側に 4 ビットを用いて表現します。たとえば、+987 は図 5.2 のような表現になります。

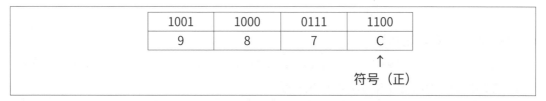

1001	1000	0111	1100
9	8	7	C

符号（正）

図 5.2　＋ 987 のパック 10 進数

　1 バイトで 2 桁の数字を表現しているので、文字表現に比べて、同じ数値を記憶するためのメモリが少なくて済みます。

5.3.2　2 進数表現

・数値を 2 進数で扱う場合は、整数は固定小数点、実数は浮動小数点で表現する。ともに計算可能である。

　固定小数点数とは、整数を 2 進数で表現したものです。一定のビット数を用いて 1 つの数値を表現します。固定小数点数は、正数と負数ではその表現方法が異なります。

(1) 正数表現

　固定少数点表現では、1 つの数値を一定のビット数（16 ビットとか 32 ビット）を用いて表現します。

　たとえば、10 進数の＋ 55 は、16 ビットを用いた固定小数点表現では、次のようになります [60]。

　　0000000000110111
　　＿
　　↑
　　符合（正）

　固定小数点表現でも、数値の符合を表現する必要があります。符合は最上位（左端）ビットで表現します。正は 0、負は 1 で表現します。

　固定小数点数は、一定のビット数で 1 つの数値を表現するので、表現できる数値の大きさは、ビット数によって限界があります。たとえば、16 ビットで表現するときは、最上位の 1 ビットは符号で使用されるので、数値そのものは 15 ビットで表現することになります。

60　10 進数を 2 進数に変換する方法は、第 4 章で述べています。55 を 2 の倍数の和（32 ＋ 16 ＋ 4 ＋ 2 ＋ 1）に分解し、該当桁に 1 を立てることで、2 進数に変換できます。

その場合、$2^{15} = 32768$ 通りの表現ができます。したがって、数値として表現できるのは、$0 \sim 32767$ の範囲の数値になります。32767 以上の数値を使用したいときは、1 つの数値の表現に 32 ビット使用します。

(2) 負数表現（2 の補数）

コンピュータでは、負の値をもつ数値は、正数の 2 の補数という考え方を用いて表現します。2 の補数は次のような方法で求めます。

「与えられた数値のビットの値を反転（1 を 0，0 を 1 にする）し、それに 1 を加える」
たとえば、-55 を 2 の補数で表現すると次のようになります（理解を容易にするため 8 ビット表現にしています）。

$$00110111 \quad （+55 \text{ の 2 進数}）$$
$$11001000 \quad （反転）$$
$$+ \qquad\qquad 1$$
$$\overline{11001001 \quad （2 \text{ の補数}）}$$

負数を 2 の補数で表現する意義は、コンピュータで減算を行うときに、加算で行えてしまうという点にあります[61]。それによって、コンピュータは減算を行う機能を持たないで済むことになり、回路設計が楽になります。

コンピュータで処理する数値には、整数のほかに、小数点をもった実数もあります。実数は浮動小数点形式で表現します。浮動小数点形式は、少し複雑になるので本書では扱いません。

5.4 画像、音声の表現

5.4.1 アナログ・デジタル変換

画像や音声は、もともとアナログデータです。アナログデータとは、連続しているデータを指します。一方、コンピュータは、デジタルデータを扱います。デジタルデータは、連続的ではなく、離散的なデータです[62]。

---

61 55 から 55 を引くと 0 になります。これを 55+(-55) と考えると
$$00110111 \ （+55）$$
$$+ \ 11001001 \ （-55）$$
$$\overline{100000000}$$

62 画像は、絵が場所的に連続していますし、音声は音波として時間的に連続して伝わります。デジタルデータは、基本単位がビットであり、0、1 のどちらかの値だけをとり、離散的です。

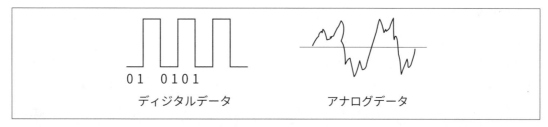

01　0101

ディジタルデータ　　　　　　　　　アナログデータ

図 5.3　アナログとデジタル

そのため、アナログデータをコンピュータで処理するときは、デジタルデータに変換する必要があります。

(1) 画像のデジタル化

　画像のデジタル化は、画像を小さな点に分解することによって行います。この点（ドット）を画素といいます（図 5.4）。画素数が多いほど、画面の解像度が高まり、画像が鮮明に表示できることになります。これは、デジタルカメラで撮影した写真の場合も同じです[63]。

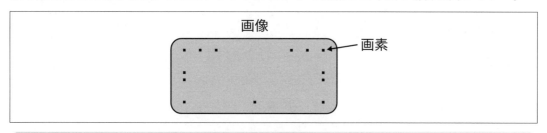

画像

画素

図 5.4　画素

　コンピュータは画素単位にデータとして処理します。たとえば、1 画素を 8 ビットのデータとして扱えば、28 ＝ 256 通りのデータが表現できます。ただ、画素を色情報としてディスプレイ上で使用するときは、一般に RGB[64] の基準に従います。RGB は赤、緑、青の光の 3 原色を表し、それぞれの色ごとの諧調に 8 ビット使用すれば、

$$256 \times 256 \times 256 = 16777216$$

通りの混色が表現できることになります。

　色情報の画素をピクセルといいます。画素数が多くなれば、その分大きな記憶容量が必要になります。

(2) 音声のデジタル化

　音声は、音波として空気中を伝わっていきます。コンピュータで音声を処理するときは、

63　たとえば、1 つの画像を縦横それぞれ 1,024 の画素に分解した場合は、1,024 × 1,024 ＝ 1,048,576 個（100 万画素）になります。
64　RGB：R（Red: 赤）、G（Green: 緑）、B（Blue：青）

音波を電波に変えて処理します。いずれにせよ、音波も電波も時間的に連続したアナログデータであることに変わりはありません。

音声のアナログデータは、コンピュータ内では、デジタルデータに変換する必要があります。変換は、標本化（サンプリング）、量子化、符号化の順で行います。標本化とは、アナログデータの波形の振幅を一定の時間間隔で計測することです。量子化は、計測した振幅の大きさを段階に区切って整数化することです。符号化は、整数化したものを2進数データにすることです。

図5.5は、標本化、量子化、符号化を示しています。

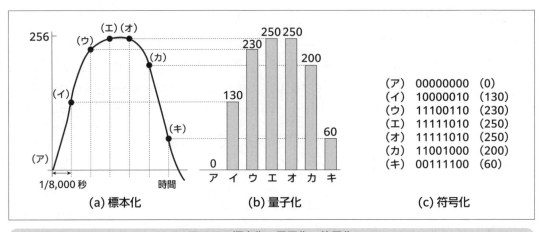

図5.5　標本化、量子化、符号化

図5.5の例では、図の左側に音波を電波に変換した波形が示されています。その波形を1/8000秒ごとにサンプリングして、そのときの波形の大きさを量子化で数値に変換しています。その数値を符号化で2進数の値にしています。これらの数値を用いれば、元の波形を復元できます。サンプリングの数が多ければ、その分、元の波形を精密に復元することができます。

5.4.2　情報の圧縮と伸張

画像や音声のデジタル化されたデータは、文字データに比べて、データ量が膨大になります。そのため、これらのデータを保存したり伝送したりするときは、データを圧縮するのが一般的です。プロセッサで処理するときは、圧縮したデータを元に戻す必要があります。こ

の処理を伸張と呼んでいます。圧縮も伸張もそのためのソフトを利用して行います[65]。

5.5　ファイル管理

5.5.1　ファイル管理の必要性

　コンピュータで処理されるデータは、文書、静止画、動画、音声のマルチメディアデータのほかに、プログラムなど多種多様にわたります。これらのデータは後日再使用するものも多く、その場合は補助記憶装置に保存しておく必要があります。保存はファイル形式で行われます。その場合、特定データごとに他のデータと識別するために固有の名前を付けて保存します。再使用のときは、そのファイル名を指示することで、他の多くのファイルの中から正しいファイルを選ぶことができます。

5.5.2　ファイル名の形式

　ファイル名は次のような形式で付けられます。

　　　ファイル名 . 拡張子

　ファイル名は、そのファイルに含まれているデータの内容がわかるように作成者が作成します。たとえば、'自由研究 1'、'自由研究 2' といった具合です。拡張子はデータが文書、静止画、動画、音楽などの形式やデータの圧縮方法に応じて、そのとき使用しているソフトウェアによって任意に決定されます。国際的な標準規格がないため、他のソフトウェアでそのファイルを呼び出したとき、データを再現できない場合があるので、注意が必要です。

　よく使われるものとして次のようなものがあります。

(1) 文書

　文書作成ソフトで作成した文書をデータ圧縮し、ファイル形式にしたものの 1 つとして、PDF[66] が広く普及しています。PDF は、アドビシステムズ（Adobe）が開発した電子文書のためのファイル形式です。データ圧縮しているため、ファイルサイズが小さくなり、文書を伝送するときによく使われます。一度作成した PDF ファイルは修正することができません。

　Microsoft Office の Word で作成された文書は docx、Excel で生成されるファイルは xlsx

---

65　データ圧縮の方法は、いろいろなものがあります。たとえば、隣接する 10 個の画素が「赤」であったとき、そのまま 10 個を「赤」、「赤」… として保存すれば、10 バイト必要です。しかし、「10」（繰返し数を表す）、「赤」として保存すれば、2 バイトで済み、圧縮率は 80% になります。

66　PDF（Portable Document Format）

という拡張子が使われています。

(2) 静止画像

　静止画像データを保存するファイル形式としては、画素の色情報を表現するビット数やデータ圧縮の方式によっていくつかの種類があります。**GIF**[67] は、色情報を8ビット（256色）で表現し、データ圧縮を行ったファイル形式です。色の種類が他の方式に比べて少ないので、色の種類が少なくてもよいグラフィックなどで利用されます。可逆圧縮方式[68] を採用しているので、画質が落ちることはありません。**JPEG**[69] は、色情報を24ビット（1677万色）で表現し、写真など色の種類が多いものに用いられます。非可逆圧縮方式のため、画質が落ちるきらいがあります。その他、色情報に48ビット使用する **PNG**[70] 方式もあります。

(3) 動画像

　動画は、静止画と異なり、時間と共に変化する画像データが必要になり、さらに、音声データも同時に必要になります。そのため、データ量が増大します。大きなデータ量をそのまま扱うと、大容量の記憶域を要し、伝送時間もかかるため、通常、動画データは圧縮して処理します。圧縮した動画データを**コンテナ**といいます。コンテナをファイルとして保存するとき、動画ファイルであることを識別するために、動画用の拡張子を用いて保存します。

　動画をパソコンやスマホで見る場合、コンテナを元のデータに復元する必要があります。動画データを圧縮し、それを元のデータに復元するためのソフトウェアを**コーデック**といいます。コーデックには、データの圧縮方法の違いにより、いろいろなファイル形式をとります。代表的なコーデックとしては、MPEG があります。**MPEG**[71] は、動画に使用するメディアのデータ転送速度によって、いくつかのタイプに分かれています。データ転送速度が遅いスマホには MPEG-4（拡張子：mp4）、やや遅めの CD やハードディスクには MPEG-1（拡張子：mp1）が、速めの DVD やデジタル放送には MPEG-2（拡張子：mp2）が利用されています。

　MPEG 以外のコーデックとしては、AVI、MOV などがよく使用されています。**AVI**（拡張子：avi）[72] は、Windows の標準動画形式で。他のコーデックとの互換性もあり、広く使用されています。**MOV**（拡張子：mov）は、Apple の Mac 標準動画フォーマットで、Apple 製品で使用されています。

67　GIF（Graphic Interchange Format）
68　可逆圧縮方式は、データ圧縮後、必要に応じて伸張して、元のデータを完全に復元できます。非可逆圧縮方式は、元のデータに完全には復元できません。
69　JPEG（Joint Photographic Expert Group）
70　PNG（Portable Network Graphics）
71　MPEG（Moving Picture Experts Group）
72　AVI（Audio Visual Interleaved）

(4) 音楽／音声

　音楽や音声データを圧縮して保存するファイル形式として、**MP3** があります。MP3 は、主として、音楽データを圧縮して、インターネットや携帯音楽プレイヤーなどに利用されています。MP3 の後継として、**AAC** [73] も提供されています。共にデータ圧縮度は、原音の 10 分の 1 程度で、曲数を多く保存することができます。

　この他に、データ圧縮しないで原音を忠実に再現できる **WAVE**（拡張子：wav）などがあります。WAVE は Windows 用の音声ファイル形式です。また、音楽と共に、楽譜データを保存し、通信カラオケなどに利用されている **MIDI**（拡張子：mid）もあります。

73　AAC（Advanced Audio Coding）

この章のまとめ

1 コンピュータはマルチメディアデータを扱える。マルチメディアデータは、文字、画像、音声などのデータの総称である。

2 マルチメディアデータには、アナログとデジタルがあるが、コンピュータ内では、すべてデジタルデータとして処理する。

3 コンピュータは、文字をビット値の組み合せで表現する。文字ごとにビットの値の組み合せを変えることで、特定の文字の識別を行う。

4 どの文字がどのようなビット構成になるかは、コード体系で決まっている。ただ、コード体系はいくつかの種類がある。

5 数値データは、文字（計算対象にしない）、計算できる数値のどちらでも表現できる。計算対象の数値で扱うときは、10進数、2進数の両方の表現ができる。

6 2進数では、整数は固定小数点、実数は浮動小数点で表現する。

7 固定小数点では、1つの数値(整数)を一定のビット数(16ビット、32ビットなど) を用いて表現する。左端のビットは符号（正：0, 負：1）として使用し、負数は2の補数として表現する。

8 画像や音声はアナログデータであり、コンピュータ内部ではデジタルデータに変換して処理する。

9 画像は画素に分割することでデジタル化し、音声は標本化、量子化、符号化によってデジタル化する。

10 画像や音声は、データ量が多くなるため、データ圧縮を行い、ファイル形式で保存する。

ファイル形式には、使用目的によって、いろいろなものが用意されている。

文　書：PDF、docx、xlsl

静止画：GIF、JPEG、PNG

動　画：MPEG、AVI、MOVE

音　声：MP3、AAC、wav、mid

練|習|問|題

問題1　コンピュータ内部での文字表現に関する次の記述で正しいものには○、
　　　　正しくないものには×を付けなさい。

（1）　英字や漢字の1文字はすべて8ビットで表現できる。

（2）　1文字を8ビットで表現する場合は、最大256種類の文字を表現できる。

（3）　数字はすべて計算可能である。

（4）　世界の文字を16ビット表現で統一する規格をISO（国際標準化機構）
　　　　がUnicodeとして設定している。

問題2　-50を固定小数点で2の補数として表現しなさい。ビット数は8ビッ
　　　　トとします。

問題3　1つの画面を500万画素に分割し、1画素を24ビットの色情報で表
　　　　現するとき、この画像データを保存する場合のメモリ容量は何バイト
　　　　になりますか。データ圧縮はしないものとします。

問題4　次のファイル形式はどのようなデータの圧縮方式ですか。適切なものを
　　　　線で結びなさい。

　　　　MP3　　　静止画
　　　　JPEG　　動画
　　　　MPEG　　音楽／音声

第 **6** 章

プロセッサの性能を評価してみよう

教師：パソコンのパンフレットやマニュアルを少し注意してみ
れば、プロセッサの仕様についていろいろ説明してある
だろう。

学生：説明を読んでも、よく意味がわからないことが多いです。
動作速度が 3.2GHz とかキャッシュメモリがどうとやら
いわれても、よく理解できません。

教師：仕様の意味が理解できれば、そのプロセッサがどの程度の性能をもっ
ているかの判断ができるようになるんだ。今回はそのあたりを少し述
べてみよう。

この章で学ぶこと

1 プロセッサ処理速度を決定する基本は、命令の実行時間であることを理
解し、命令の実行時間を決める要因について考える。

2 プロセッサ内の各種記憶装置の種類と特徴を理解する。

3 プロセッサの処理効率改善の方法と効果について検討する。

4 記憶装置に使用される半導体記憶素子の種類と特徴について理解する。

6.1 命令の実行時間はプロセッサの性能評価指標の１つである

・プロセッサの処理速度を決める基本的要因は、命令の実行時間である。

　プログラムは仕事の手順を指示する一連の命令で構成されており、プロセッサでそれらの命令が逐次実行されていくことは、第３章で述べました。プロセッサの性能は、これら命令の実行時間で評価することができます。命令の実行時間が速ければ、その分、プロセッサの処理速度は速くなります。

6.1.1 命令の実行時間

表 6.1　命令の実行時間

命令サイクル	主記憶装置から命令を取り出す時間 命令を解読する時間 関連装置に操作指示を行う時間
実行サイクル	主記憶装置からデータを取り出す時間 指示された操作を行う時間

(1) 命令サイクル

　主メモリに格納されたプログラムの命令が実行されるときは、制御装置の指示により、1つ１つの命令を主メモリから取り出し、制御装置内に持ってきます。制御装置は、その命令を解読[74]し、関連装置に操作指示を出します。

　これらの作業をするための時間を**命令サイクル**といいます。

(2) 実行サイクル

　その後、アドレス指示にもとづいて主メモリからデータを取り出し、オペレーション指示にもとづいた処理を行います。この作業を行う時間を**実行サイクル**といいます。命令サイクルと実行サイクルを加えたものが、その命令の実行時間になります（表6.1）。

74　命令の解読は、主記憶装置内のどこのデータ（オペランド部で指定）にどんな操作（オペレーション部で指定）を行うかを判断します

6.1.2　クロック信号の周波数

> ・プロセッサの主要な仕様の一つは、クロック信号の周波数である。
> ・クロック信号の周波数が大きいと、命令の実行時間が短くなり、プロセッサの処理速度は速くなる。

(1) クロック信号

> ・クロック信号：プロセッサが命令を実行するときの同期信号
> ・クロック周波数：1秒間の同期回数（1周波で1同期）
> ・クロックサイクル：1回の同期時間

　プロセッサは、命令を実行するとき、どんな操作でも、ある一定のタイミングで同期を取りながら行います。この同期をとるための信号を**クロック信号**といいます。クロック信号は1秒あたりの周波数(単位:**ヘルツ**(**Hz**))で表されます。これを**クロック周波数**[75]といいます。1つの周波で、1回の同期が取られます。1回の同期をとるために時間を**クロックサイクル**と呼びます。クロックサイクルは、周波数の逆数で求めることができます。クロックサイクルが小さい（周波数が大きい）ほど、1秒間の同期回数は多くなり、命令の実行時間が速くなります。

(2) CPI

> ・CPI：命令の実行に要するクロックサイクル数

　ある命令の実行時間は、その命令を実行するのに必要なクロックサイクル数で表されます。これを **CPI**[76] と呼んでいます。命令の種類によって、CPIは異なります。1CPIで実行できる命令もあれば、8CPIを必要とする命令もあります。いずれにせよ、クロックサイクルが小さいほど、プロセッサにおける命令の処理速度は速くなります。

　プロセッサの性能を表す指標としては、通常、クロック周波数を用います。クロック周波数が大きいほど、クロックサイクルは小さくなり、高性能ということになります[77]。

75　たとえば、クロック周波数が10MHz（1Mは100万）であれば、1秒に10,000,000回の同期がとられます。これは、1回の同期時間が、1/10,000,000秒＝0.1マイクロ秒（1マイクロは100万分の1）になることを意味します。

76　CPI（Cycles Per Instruction）

77　パソコンのマニュアルなどにも、プロセッサの仕様の1つにクロック周波数が表記されています。たとえば、あるメーカのパソコンの仕様書に、モデルAは5GHz、モデルBは3GHzと記載してあれば、モデルAの方がモデルBより高性能ということになります。G（ギガ）は10億。

(3) MIPS

プロセッサの性能を示す指標として周波数と関連して **MIPS**（Million Instructions Per Second）が使われることがあります。MIPS は、プロセッサが 1 秒間に 100 万単位で命令をどれだけ実行できるかを示す数値です。1MIPS は 1 秒間に 100 万回、10MIPS は 1000 万回の命令を実行することを表しています。MIPS は、異なる CPI の命令がどの程度実行されるかを確率的に求め、その平均値でクロック周波数を割ることで算出します。

たとえば、2CPI の命令が 50％、4CPI の命令が 50％の確率で実行され、クロック周波数が 3GHz の場合は、CPI の平均が 3 になり、MIPS は

$3G/3 = 1G = 1000MIPS$（$1G = 1000M$）

になります。

6.2　プロセッサの記憶装置

プロセッサの性能を見る場合、命令の実行時間のほかに、使用されている記憶装置の大きさやアクセス時間で評価することもできます。

コンピュータには、データやプログラムを格納するために、いろいろなタイプの記憶装置があります。データやプログラムは、実行されないときは外部の補助記憶装置に保存されていますが、実行時には、プロセッサ内の記憶装置にロードされます。

プロセッサ内には、実行中のプログラムやデータを格納するための主メモリがありますが、そのほかにレジスタやキャッシュメモリなど少し異なったタイプの記憶装置もあります。これらの記憶装置は、記憶容量、アクセス時間、価格などの特性がそれぞれ異なっており、特性に応じた使い分けが行われています。

6.2.1　プロセッサ内の記憶装置の種類

(1) プロセッサ内の記憶装置の要件

・処理中のプログラムやデータを格納できるだけの大きさをもつ。
・自由に読み書きが出来る。
・処理速度が速い。
・コストが安い。

プロセッサ内の記憶装置は、実行中のプログラムやデータを格納するために使用されます。

そのため、記憶装置の特性として、プログラムやデータを十分格納できるだけの記憶容量が要求されます。また、仕事ごとにプログラムやデータを入れ替える必要があるので、読み書きが自由にできること、そのための処理速度が速いことなども要求されます。さらに、低コストであることも条件になります。

(2) 記憶階層

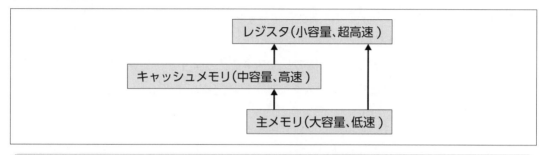

図 6.1　プロセッサ内の記憶装置

記憶装置に使用される記憶素子は、コストの安いものは処理時間が遅い、処理時間の速いものはコストが高いという特徴があります。そのため、実際のコンピュータでは、コストなどいろいろな条件を勘案しながら、記憶素子を使い分け、低コストで、プロセッサ全体の処理効率を高めるような配慮が行われています[78]。

具体的には、主メモリの他に、キャッシュメモリ、レジスタといった記憶装置を用意し、装置全体の処理効率を高めるようにしています（図 6.1）。

(3) 主メモリ

主メモリは、実行中のプログラムやデータを格納しておくために使用されます。そのため、記憶容量はできるだけ大きいことが要求されます。また、仕事ごとにプログラムやデータを入れ替える必要があるので、読み書きが自由にできることも不可欠です。主メモリは、記憶容量をできるだけ大きくしたいため、キャッシュメモリやレジスタなどよりアクセス時間が遅い、安い単価の記憶素子を使用しています。

(4) キャッシュメモリ

キャッシュメモリは、速度的には、レジスタと主メモリの中間に位置付けられるメモリです。プロセッサの処理速度を高めるために使用します。データのアクセス時間を主メモリより早くするために、アクセス時間の速い記憶素子を用います。アクセス時間の早い記憶素子

78　性能面から見れば、処理速度が速ければ速いほどよいのは当然です。しかし、処理速度の遅い記憶素子を大量に使用すれば、その分コストが高くなってしまいます。コストが高くなれば、価格も高くなり、パソコンなど個人対象のコンピュータでは、顧客に買ってもらえません。

は単価が高いために、容量的にはあまり大きくできません。キャッシュメモリは、主メモリ
に比べ、小容量で、高速の記憶装置という特徴をもっています。

(5) レジスタ

レジスタは、プロセッサ内でもっともアクセス時間が速い記憶装置です。

　レジスタの使用目的は

・処理対象データのアドレス指定を行う（ベースレジスタ）

・データの演算を行う（汎用レジスタ）

などです。プロセッサは、通常、複数個のレジスタを持ちますが、レジスタごとの記憶容量
は大きくありません。そのため、レジスタには、処理速度が主メモリに比べて格段に速い、
高価な記憶素子が使用されます。

6.2.2　プロセッサの処理効率改善

> ・実行中のプログラムやデータで、処理確率の高い一部をキャッシュメモリ上に
> 置くことにより、処理時間を速くする。

　処理するプログラムやデータをキャッシュメモリ上に置いておけば、主メモリ上に置い
ておくよりも、処理時間が速くなります[79]。

　ただ、キャッシュメモリは容量が小さいため、すべてをそこに置くわけにはいきません。
そこで、次に処理する確率の高いプログラムやデータの一部をなるべくキャッシュメモリ上
に置くようにコンピュータがコントロールします。

(1) ヒット率と NPF

　処理に必要なプログラムやデータがキャッシュメモリ上に存在する確率を**ヒット率**といい
ます。逆に、キャッシュメモリ上に存在しない確率を **NPF**[80] といいます。NFP は、1 －ヒッ
ト率で求められます。ヒット率が高いほど、処理時間は速くなります。

(2) 平均アクセス時間

　主メモリとキャッシュメモリを併用することで、データのアクセス時間がどの程度改善さ
れるかを簡単な例で考えてみます。主メモリとキャッシュメモリを併用したときは、次のよ

79　プロセッサは、主メモリからデータをレジスタに持ってきて処理します。その場合、主メモリのアク
　　セス時間が遅ければ、その間レジスタは待たされることになります。これでは、レジスタの高速処理
　　能力が十分に活かされません。この時間差を埋めて、レジスタの能力を生かすために、キャッシュメ
　　モリが使用されます。

80　NFP（Not Found Probability）

うな状態が発生します。

① 処理対象のデータがキャッシュメモリに存在すれば、キャッシュメモリのアクセス時間で処理できる。その確率はヒット率で表すことができる。

② データが主メモリに存在すれば、主メモリのアクセス時間で処理する。その確率は 1 − ヒット率（NFP）である。

したがって、**平均アクセス時間**は、

平均アクセス時間

＝（キャッシュメモリのアクセス時間 × ヒット率）＋（主メモリのアクセス時間 × NFP）

になります。いま、キャッシュメモリのアクセス時間が 10 ナノ秒[81]、主メモリのアクセス時間が 70 ナノ秒とした場合、平均アクセス時間は、上記の式で計算するとヒット率 60%で 34 ナノ秒、70%で 28 ナノ秒になります[82]。キャッシュメモリを使用せず、主メモリだけの場合は、アクセス時間は 70 ナノ秒なので、ヒット率 60%でほぼ半分、70%では 4 割にアクセス時間が短縮されることがわかります。

(3) 同時処理のビット数

パソコンの仕様書には、32 ビットマシンとか 64 ビットマシンという表現が見られます。これは、同時に処理するビット数を示しています。32 ビットマシンでは、同時に 32 ビットのデータを処理します。一方、64 ビットマシンでは同時に 64 ビットのデータを処理します。同時に処理できるデータ長が長くなれば、それだけ処理能力が向上します。

6.3　半導体記憶素子

実行中のプログラムやデータを記憶する主メモリやキャッシュメモリ、レジスタなど高速アクセスが要求される記憶装置では、記憶素子として**半導体記憶素子**[83] が使われています。半導体記憶素子は電子的な速度でアクセスできるので、アクセス時間は速くなります。

半導体記憶素子には、いろいろなタイプのものがあります。タイプによって異なった特性があります。大別すると、読み取りだけができ、書き込みができない ROM と読み書き両方ができる RAM に分けられます。主メモリやキャッシュメモリには、RAM が使用されています。

81　1 ナノ秒は 10 億分の 1 秒
82　ヒット率 60%：平均アクセス時間 ＝ 10 × 0.6 + 70(1-0.6) ＝ 34 ナノ秒。ヒット率 70%：平均アクセス時間 ＝ 10 × 0.7 + 70(1- 0.7) ＝ 28 ナノ秒。
83　半導体記憶素子は、IC メモリとも呼ばれています。

6.3.1　ROM

ROM [84] は、読み取り専用のメモリです。読み取るためのデータを最初にどこかで書き込んでおく必要があります。ROM は、**不揮発性** [85] であり、一度書き込んだデータは、消えないため、何度でも読み取ることができます。書き込んだデータを消去することは、通常はできません。また不揮発性のため、持ち運びが可能です。一般に、ROM は記憶容量が大きく、高速ですが、RAM に比べるとアクセス時間は遅くなります。

ROM には、マスク ROM、PROM、フラッシュメモリといったいくつかのタイプがあります。**マスク ROM** は、メーカがデータを書き込んでおき、利用者はそれを読み取るだけの ROM です。**マイクロプログラム** [86] を格納するためのメモリとして用いられます。**PROM** [87] は、最初に 1 度だけ利用者が書き込みを行える ROM です。**フラッシュメモリ**は、利用者が何度でも書き込みができる ROM です。データを消去することもでき、RAM に等しい機能を持っています。ただ、不揮発性の特性をもっているため、ROM として位置付けされています。記憶内容の保持に電力供給を必要とせず、USB メモリやデジタルカメラの記憶媒体として広く使用されています。

6.3.2　RAM

RAM [88] は、ROM のように読み取り専用ではなく、読み書きの両方が可能なメモリです。ただ、揮発性のため電源を切ると記憶したデータが消えてしまいます。ROM のように、一度書き込んだデータは電源を切ってもいつまでも読めるというわけにはいきません。

RAM には、SRAM と DRAM の 2 つのタイプがあります。**SRAM** [89] は、フリップフロップという複雑な回路を用いてデータを記憶します。コストが高く、大容量が必要になる主メモリには使用されません。ただ、アクセス時間が高速なため、高速処理が要求されるキャッシュメモリなどに使用されます。**DRAM** [90] は、コンデンサの電荷の状態を利用してデータを記憶

84　ROM（Read Only Memory）
85　電源を切ったとき記憶データが消えることを揮発性といいます。消えないことを不揮発性といいます。
86　マイクロプログラムは、どんな使用者でも共通に使用する機能の処理手順を、ソフトウェアではなく、ハードウェアとして組み込んだものです。ソフトウェアで処理するときよりも、処理時間を速めることができます。
87　PROM（Programmable ROM）
88　RAM（Random Access Memory）
89　SRAM（Static RAM）
90　DRAM（Dynamic RAM）：DRM は、データを記憶する仕組みとしてコンデンサとトランジスタを使用しています。コンデンサに電荷（電気）を蓄え、トランジスタで電気を流すことによって電圧を高低させ 0,1 を記憶させます。ただ、時間が経つと電荷が漏れ、データの正確性が損なわれるため、リフレッシュ動作でデータの正確性を保ちます。

します。フリップフロップ回路に比べ、回路が単純で安価です。電荷が短時間で消えてしまうため、何度も電流を流す**リフレッシュ動作**が必要になります。安価で、高集積化も可能なため、大容量が要求されている主メモリなどで使用されます。ただ、アクセス時間は SRAM より遅くなります。表 6.2 は半導体記憶素子の特徴をまとめたものです。

表 6.2　半導体記憶素子

ROM			RAM	
読み取りだけ データが消えない（不揮発性） 持ち運び可能 アクセス時間遅い			読み書き両方 データが消える（揮発性） 持ち運び不可 アクセス時間が速い	
マスク ROM	PROM	フラッシュメモリ	SRAM	DRAM
書き込みはメーカ マイクロプログラムの格納	書き込みは利用者	何度でも読み書き可能	高速、高価 キャッシュメモリ	高集積化、安価 主メモリ

6.4　マルチコアプロセッサ

　プロセッサの性能向上のためにはクロック周波数を上げることがポイントですが、周波数を上げれば上げるほど消費電力が大きくなり、プロセッサが熱を持ってしまうという問題点が発生します。そのため、周波数を上げるのには限界があります。そこで、周波数を限界まで上げないで、1 つのプロセッサに複数のコア（演算処理部分）を持たせて処理を分散し、あたかも 1 台のプロセッサで複数のプロセッサが稼働しているようにして処理能力を向上させる方法があります。このようなプロセッサは、2 つのコアを持つ場合は**マルチコアプロセッサ**、4 つのコアを持つ場合は**クアッドコアプロセッサ**と呼んでいます。コアの数が多くなれば、同時に実行できる処理の数が多くなりプロセッサの性能は向上します。

COLUMN

量子コンピュータ

　次世代コンピュータとして、量子コンピュータの研究、実験が活発になっています。量子コンピュータは、実用化すれば、現在のスーパコンピュータ（たとえば、富岳）の 1 億倍以上の速さで複雑な問題を解く能力をもつといわれています。そのため、多分野での活用が期待されています。世界的には、IBM や Google、日本では理化学研究所、大阪大学、富士通などが共同開発に取り組み、初号機を稼働させることに成功しています。量子コンピュータの動作原理は、これまでのビットを基本にして電子回路で計算するコンピュータとは異なり、量子力学を基本にした量子ビット単位で処理を行います。量子は、ものを形成する一番小さな原子の世界での話なので難解ですが、量子力学の重ね合わせ現象を利用して計算します。重ね合わせ現象とは、量子が 0 と 1 の両方を同時に表現できるという特性です。現在のコンピュータは、0 と 1 のどちらかを表しているビットを 1 桁ずつ調べ、バイトで表現されている文字なら、8 回調べてどの文字かを判定します。しかし、量子ビットは一瞬にして文字を判定して、高速処理を可能にしています。

　ただ、量子コンピュータは、現時点では、問題点として計算間違いを犯すことが指摘されています。まだまだ実験の段階で実用化には数十年かかるともいわれています。

この章のまとめ

1 プロセッサの処理速度を決める基本的要因は、命令の実行時間である。命令の実行時間は命令サイクルと実行サイクルの和である。

2 プロセッサはクロック信号で同期をとりながら命令を実行する。

3 クロック信号の周波数で1秒間の同期回数が決まる。

4 1回の同期時間をクロックサイクルという。周波数が大きいほど、クロックサイクルは短くなり、プロセッサの速度は速くなる。

5 プロセッサの処理速度を速めるために、主メモリ、キャッシュメモリ、レジスタなどの記憶装置が併用される。

6 プロセッサで使用される記憶装置は、処理中のプログラムやデータを格納するだけの容量をもつ必要がある。読み書きが自由、処理速度が速いなどの要件を満たす必要がある。

7 プロセッサの記憶装置としての要件を満たすのは、半導体記憶素子であり、ROMとRAMの2つのタイプがある。

8 ROMは読み取り専用、RAMは読み書き自由であり、主メモリやキャッシュメモリには、主としてRAMが使用される。

9 RAMはSRAMとDRAMに分けられる。SRAMは処理速度が速くキャッシュメモリに使用され、DRAMは処理速度がSRAMより遅く主メモリに使用される。

10 処理能力を高めるため、1台のプロセッサに複数のコア（演算処理部分）をもたせて分散処理を可能にしているプロセッサをマルチコアプロセッサと言う。

練|習|問|題

問題1 次の文の（　）内に適切な用語を入れなさい。

(1) 命令の実行時間は、（　a　）と（　b　）の和である。

(2) プロセッサは、どんな操作でも、ある一定のタイミングで同期をとりながら行う。同期を取るために信号を（　c　）という。

　（　c　）の（　d　）により、1秒間の同期回数が決まる。

　（　d　）が大きいほど、プロセッサの処理速度は（　e　）くなる。

(3) CPIは、1つの命令を実行するために要する（　f　）数である。

問題2 クロック信号の周波数が3.2GHzのプロセッサのクロックサイクルを求めなさい。

問題3 プロセッサで使用される3つのタイプの記憶装置をあげ、それぞれの使用目的について述べなさい。

問題4 キャッシュメモリのアクセス時間が主メモリの1/10で、ヒット率が80%のとき、平均アクセス時間は主メモリだけのときのアクセス時間の何倍になりますか。

問題5 半導体記憶素子に関する次の記述で、正しいものには○、正しくないものには×を付けなさい。

(1) ROMは、基本的には読み取り専用である。最初に一度だけ書き込みができるが、その書き込みはメーカだけが行うことができ、利用者はできない。

(2) フラッシュメモリは、ROMであるが、何度でも書き込めるので、デジタルカメラやUSBメモリの記憶媒体によく使用される。

(3) RAMは、読み書きが自由にでき、不揮発性のため、持ち運びができる。

(4) DRAMは、高集積化が可能なので、大容量を要求される主メモリに使用される。

(5) DRAMはSRAMよりアクセス時間は速い。

第 7 章

補助記憶装置には
いろいろなものがある

教師：プロセッサがらみの勉強がしばらく続いたね。少し難し
　　　かったかな。

学生：いままであまり気にしていなかったけど、プロセッサが
　　　コンピュータで重要な役割を担っていることはわかりま
　　　したよ。しかし、だいぶ頭が混乱したな。

教師：それでは、今回は、直接お目にかかることが多い補助記憶装置につい
　　　て説明することにしよう。パソコンを使うときは、CD や DVD にな
　　　にかとお世話になるよね。

学生：ああ、その話ですか。電気店に行っても、CD とか DVD にいろいろ
　　　なタイプがあって、自分の目的にそったものがどれなのか迷うことが
　　　よくありますよ。

教師：今日の話が役立てばいいね。

学生：期待してます。

この章で学ぶこと

1　補助記憶装置の役割と機能について知る。

2　補助記憶装置の種類について理解する。磁気ディスク、光ディスク、
　　フラッシュメモリの特徴を理解する。

3　ディスクのデータの記憶形式について理解し、記憶容量の計算ができ
　　るようになる。

7.1　補助記憶装置の役割と機能

・補助記憶装置は、プログラムや大量のデータを保存しておくために使用する。
・記憶容量は大きいことが望ましい。
・保存したプログラムやデータを利用するときは、主メモリに移動して処理する。

　コンピュータでは、データの入出力のために、いろいろな入出力装置を使用します。また、入力から出力への変換のために、プロセッサを使用します。プロセッサは、主メモリにプログラムやデータを記憶させて処理します。入力データ以外のデータが必要になれば、あらかじめ**補助記憶装置**に保存しておいたデータを参照します。また後で再使用するデータは、補助記憶装置にファイルとして保存します。補助記憶装置やファイル形式にはいろいろな種別がありますが、種別を問わず、すべてデジタルデータとして保存されます。

　主メモリは、年々、電子技術の発達で、記憶容量は昔に比べて随分大きくなっています。それでも大きさには限界があり、実行中でないデータやプログラムをすべて収容することはできません。さしあたり実行中の処理とは関係のないデータやプログラムは、補助記憶装置に保存しておき、必要なとき、主メモリに読み込んで利用します。このように、主メモリの容量不足を補い、大量のデータやプログラムを保存しておくのが補助記憶装置です。補助記憶装置は、データの記憶容量が大きいほど、たくさんのデータを保存しておけます。

　補助記憶装置には、いくつかのタイプがありますが、現在では、ディスクとフラッシュメモリが広く使用されています。ディスクは、データの記憶技術の違いにより、磁気ディスクと光ディスクに分けられます。また、フラッシュメモリには SSD、USB メモリ、SD カードがあります。

7.2　磁気ディスク

7.2.1　磁気ディスクの動作原理

　ディスクの代表的なものとして**磁気ディスク**があります。磁気ディスクは、表面に磁性材料を塗った円盤（ディスク）を磁化することでデータを記憶します。データの読み書きは、回転軸を中心に高速回転する円盤に読み書きヘッドを水平移動させて行います。読み書きヘッドの駆動は、スイングアームなどによって行われます。

> ・磁気ディスクは、表面に磁性材料を塗った円盤（ディスク）の表面を磁化することでデータを記憶する。
> ・データの読み書きは、読み書き用ヘッドで行う。
> ・直接アクセス、順次アクセスの両方が可能である。

　ヘッドは、ディスク面を 1 秒間に 100 回程度往復することができ、データを読み書きする場所に自由にセットできます。そのため、ディスクのどの場所からも即時に必要なデータを直接読み書きすることができます（図 7.1）。このような読み書きの方法を**直接アクセス**といいます。そのため磁気ディスクは、**直接アクセス記憶装置**とも呼ばれます。

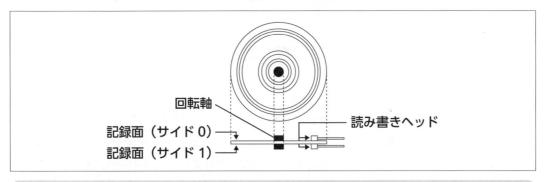

図 7.1　磁気ディスクの構造

　磁気ディスクは、指定したデータを直接アクセスできると同時に、ヘッドをディスク面にそって順次移動させることによって、データの記憶順序に読み取ることもできます。このように、データを順次に処理して行く方法を**順次アクセス**といいます。ディスクは、直接アクセスと順次アクセスの両方が可能です。パソコンでは、磁気ディスクとして、ハードディスク（HDD）が使用されています。

7.2.2　HDD

　HDD [91] は、従来、パソコンに内蔵され、取り外しはできませんでしたが、近年、外付けもできるようになっています。複数枚の円盤（プラッタ）で構成され、その分、記憶容量は大きくなります。最近では、ノートパソコンで**ギガバイト～テラバイト** [92] の記憶容量をもったものが広く使用されています。OS やアプリケーションプログラム、データ量の多いファ

91　HDD（Hard Disk Drive）
92　ギガバイト（Giga byre）：10 億バイト。テラバイト（Tera byte）：1 兆バイト。

イルなどの保存に使用されます。

　読み書きヘッドは、ディスクの回転風圧によって、ディスク面に直接ふれることはないので、長期間の使用に耐えることができます。

図 7.2　HDD

7.2.3　磁気ディスクのデータ記録方法と構成

(1) トラックとセクタ

　ディスクにデータを記録するときは、読み書きヘッドで行います。ヘッドは、スイングアームによって、ディスク面を内外の方向に移動し、データ記録場所で停止します。ディスクは回転しているので、データが記録される部分は円形になります。この円形の部分をトラックと呼びます[93]。トラックは、ヘッドがセットされたそれぞれの位置ごとに固有のものができることになります。つまり、ディスク面に、同心円状に並んだトラックが何本も形成されます（図 7.3）。トラックの本数は、ディスク装置の種類によって決定されます。データは、トラック上にビット直列の形式で記録されます。

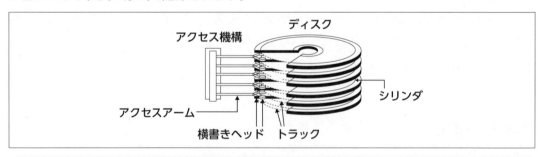

図 7.3　トラックとシリンダ

　トラックをさらに等分化して**セクタ**という単位に分割し、データの読み書きは、データの

93　トラックはディスク面に同心円状に形成されるため、外側と内側のトラックでは、円周の長さが異なってきます。しかし、通常は、記録密度を変えることによって、それぞれのトラックの記憶容量は同じになるようにしています。ただ、中には、ディスクの記憶容量を増やすため、外側のトラックには、円周が長い分、データが多く記憶できるようにした方式のものもあります。

長さに関係なく、基本的にセクタ単位で行っています。ただ、処理効率を上げるために、複数セクタを**クラスタ**と定義し、クラスタ単位に読み書きを行う**機種**もあります。トラックあたりのセクタ数は、機種によって異なります。

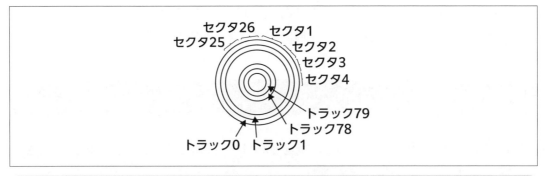

図7.4　トラックとセクタ

(2) シリンダ

　HDD は複数枚のディスク面を持ちます。複数のディスク面をもつ場合、読み書きヘッドは、それぞれのディスク面ごとに用意されます。これらのヘッドは、一時点では、同じ同心円のディスク面ごとのトラック上にそれぞれセットされます。この場合、ヘッドがセットされた複数トラックを全体で見れば、それは 1 つの円筒を形成しています。この円筒をシリンダと呼びます（図 7.3）。1 つのシリンダには、ディスク面の数（ヘッドの数）だけのトラックが存在することになります。シリンダの数は、ヘッドがセットされる場所の数だけ存在します。実際には、装置のタイプによってシリンダ数は異なります。

7.2.4　磁気ディスクの記憶容量

　いままでの説明から、磁気ディスク 1 台あたりの記憶容量を算出できます。磁気ディスクでは、1 台あたりのシリンダ数、シリンダあたりのトラック数、トラックあたりのバイト数は、装置ごとに決まっています。したがって、装置ごとの記憶容量は、次の式で算出できます。

　記憶容量 = シリンダ数 × シリンダあたりのトラック数 × トラックあたりのバイト数

7.2.4　磁気ディスクのアクセス時間

　磁気ディスクはアクセスアームに取り付けられた読み書きヘッドによってプラッタ（ディスクの記録用部品）上にデータの読み書きを行います。そのためには、まず読み書きヘッドをデータの読み書きするトラック上に移動させる必要があります。その操作を**シーク**（seek）

といいます。次に、ヘッドは回転しているトラック上のデータを読み書きする場所を探索します。この操作を**サーチ**（search）と言います。場所が見つかれば、そこにデータの読み書きを行います。

したがって、ディスクのアクセス時間は次のようになります。

アクセス時間 = シーク時間 + サーチ時間 + データ読み書き時間

7.3 光ディスク

・光ディスクは、円盤（ディスク）の表面にレーザ光をあて、データの読み書きを行う。
・光ディスクには CD、DVD、BD の 3 種類がある。
・読み取り専用型と書き込み型（光磁気ディスク）がある。
・磁気ディスクに比べ、記憶容量は大きいが、アクセス時間は遅い。

7.3.1 光ディスクの種類

補助記憶装置には、磁気ディスクの他に、レーザ光でデータを書き込んだり、読み出したりできる**光ディスク**があります。使用するレーザ光の波長の違いにより、**CD**（Compact Disc）、**DVD**（Digital Versatile Disc）、**BD**（Blue-ray Disc）の 3 種類の光ディスクがあります。外見は 3 種類とも直径 12 cm の円盤で同じですが、使用するレーザ光の波長が異なっています。レーザ光の波長が短いほど単位面積当たりのデータ記憶量は大きくなります。CD は波長 780 〜 790nm、DVD は 635 〜 650nm、BD は 405nm のレーザ光を使用しています。したがって、CD → DVD → BD の順で記憶容量は大きくなります。ちなみに、それぞれの機種によって異なりますが、CD は 650 〜 700MB、DVD は 4.7 〜 17GB、BD は 25 〜 128GB のデータを記憶できます。機種にもよりますが、DVD は CD の 5 〜 20 倍、さらに BD は DVD の 5 倍以上のデータを記憶できます。記憶容量の違いにより、主として CD は音楽やメーカが作成したソフトウェア製品、DVD、BD は動画の保存用に使用されます。

7.3.2 光ディスクの読み書き方式

光ディスクでレーザ光によるデータの読み書きを行うには、2 つの方法があります。

(1) 読み取り専用型

　一般の光ディスクは、ディスクの薄膜にレーザ光で微小な孔をあけ、データを記録します。データを読み取るときは、反射光によって読み取ります。この方式では、データを一度書き込むと、後は書き直しができず、**読み取り専用型**なります。データを書き込むタイミングによって、再生専用型と追記型に分けられます。

　再生専用型は、メーカが書込みを行い、利用者は読み取りしかできません。このタイプの光ディスクには、CD-ROM（図 7.5）、DVD-ROM、BD-ROM [94] があります。メーカの作成したソフトウェア製品などを保存し、利用者に提供するときに使用されます。

図 7.5　CD-ROM

　追記型は、基本的には利用者が一度だけデータの書き込みを行うことができます。しかし、それを消去して、新たなデータを書き込むことはできません。このタイプとしては、CD-R、DVD-R、BD-R [95] があります。

(2) 書き換え型

　光ディスクには何度でも書き換えが可能なものもあります。このタイプとしては、CD-RW、DVD-RAM、BD-RE [96] があります。

　光ディスクは、磁気ディスクと同様に、円盤を回転軸中心に回転させ、読み書きヘッドでデータの読み書きを行います。したがって、直接アクセスと順次アクセスの両方が可能です。光ディスクは、一般に、磁気ディスクよりビット単価が安く、経済的です。ただ、アクセス時間が、磁気ディスクより遅いのが難点です。光ディスクの特性をまとめたものを表 7.1 に示します。

94　ROM（Read Only Memory）
95　R（Recordable）
96　RW,RE（ReWritable）

表 7.1　光ディスク

種類	記憶容量	機種	機能	用途
CD	659MB ～ 700MB	CD-ROM CD-R CD-RW	再生専用 追記 書き換え	ソフトウェア製品、音楽 データ保存
DVD	4.7GB ～ 17GB	DVD-ROM DVD-R DVD-RAM	再生専用 追記 書き換え	動画、静止画、音楽、データ保存
BD	25GB ～ 128GB	BD-R BD-RE	追記 書き換え	動画、静止画、音楽、データ保存

7.4　フラッシュメモリ

・フラッシュメモリは不揮発性で電源を切っても、データは消えず何度でも書き換え可能である。
・記憶容量は大きく、磁気ディスクより高速でデータのやり取りができる。
・フラッシュメモリには、SSD、USB メモリ、SD カードの３種類がある。

フラッシュメモリは、不揮発性で、電源を切ってもデータは消えずに残り、何度でも書き込みができるため、外付けの補助記憶層として広く使用されています。フラッシュメモリとしては、SSD、USB メモリ、SD カードがあります。

7.4.1　SSD

図 7.6　SSD

図 7.7　USB メモリ

図 7.8　SD カード

SSD [97] は、不揮発性の半導体記憶素子（フラッシュメモリ）を用いた補助記憶装置です。

97　SSD（Solid State Drive）

不揮発性のため、電源を切つても記憶データは消えず、持ち運びが可能です。また、何度でも書き換えができます。磁気ディスクや、光ディスクのようにデータを読み書きするときにヘッドを円盤上で移動する必要がなく、電子的な速度で読み書きできるのでアクセス時間が高速になります。記憶容量もメガバイト単位のものからテラバイト単位のものまであり、HDD と同じように、大量のデータやソフトウェアを保存できます。ただ、HDD に比べて高価で、記憶素子へのデータ書き換え回数に上限があり、長期間使用すると記憶データが損傷する可能性があります。

7.4.2　USB メモリ

USB [98] とは、プロセッサと外部装置間でデータのやり取りをするときの入出力インタフェースの規格の一種で、1 ビット単位でデータのやり取りをします（第 8 章で詳述）。

USB メモリは、USB 規格にそってプロセッサとデータのやり取りを行います。記憶素子としてフラッシュメモリを使用した補助記憶装置で、SSD と同様に、不揮発性で、何度でも書き換えが可能です。記憶容量も機種によってメガバイト単位のものからテラバイト単位のものまであります。大きさも小さく、携帯性にも優れています。取り付けもプラグを差し込むだけと簡単です。USB 規格にそっているため、データの転送速度も当初の USB1.1 では 12Mbps でしたが、最近の USB3.2 規格では。20Gbps [99] と高速になっています。また、パソコンに電源が入っていても差し込み、取り外しが自由にできます（**ホットプラグ方式**）。そのため、パソコンで広く使用されています。

7.4.3　SD カード

SD カードは、SSD、USB メモリと同様に、記憶素子としてフラッシュメモリを使用した補助記憶装置です。電源を切っても、データは消滅せず、また何度でも書き換え可能です。形状が小型の薄い四角形をしており、主にデジタルカメラの写真、動画の保存用に広く使用されていますが、パソコンでも利用可能です。記憶容量は USB メモリと同程度で、メガバイトからテラバイトまでの機種があり、容量の大きさによって、形状の大きさも異なり、使用するときは、使用機器で装着可能かどうかを確かめておく必要があります。フラッシュメモリの特性をまとめたものを表 7.2 に示します。

98　USB（Universal Serial Bus）
99　Mbps：1 秒単位のメガビット数。Gbps：1 秒単位のギガビット数。

表 7.2　フラッシュメモリの特性

種類	機能	記憶容量	用途
SSD	不揮発性 複数書き込み可	数 10GB 〜 数 TB	データ、プログラム
USB メモリ	不揮発性 複数書き込み可	数 100MB 〜 数 TB	データ、音楽、写真、動画保存
SD カード	不揮発性 複数書き込み可	数 100MB 〜 数 TB	データ、音楽、写真、動画保存

7.5　その他の補助記憶装置

7.5.1　フロッピーディスク（FD）

図 7.9　FD

FD [100] は、1 枚の円盤で構成された磁気ディスクです。円盤の一面だけにデータを記録するタイプと両面に記録するタイプのものがあります。パソコンでは、大きさが 3.5 インチ、両面高密度（2HD）、データ記憶容量が 1.4M バイトのものが主流です。アクセス速度（データの読み書き速度）は、ハードディスクなどと比べて遅いのが難点です。軽くて取り外し可能なので、持ち運びの必要なデータを保存するのに向いています（図 7.9）。

　　ただ、初期のパソコンでは、多く使用されましたが、最近は，高速で大容量の USB メモリや SD カードが普及し、あまり使われなくなっています。

7.5.2　MO

　　MO [101] は、レーザ光によってデータを記憶する補助記憶層です。その意味では、光ディスクの一種ですが、CD や DVD と異なる点はディスクの表面を磁化しデータを記憶します。読み取りは、磁化によって反射光が変わることを利用して行います。磁化方式なので、磁気

100　FD（Floppy Disk）
101　MO（Magnetic Optical Disk）

ディスクと同様に、何度でも書き換えができ、書き換え型と呼ばれています。この方式の光ディスクを**光磁気ディスク**（MO）（図 7.10）と呼んでいます。最近では、書き換え可能な手軽な USB メモリや、SD カードの出現により、注目度が低くなっています。

図 7.10　MO

7.5.3　磁気テープ

　磁気テープは、大型の汎用コンピュータで昔からよく使用されている補助記憶装置です。安価で、記憶容量も大きいので、ファイルの保存用などに使用されます。オープンリール型やカートリッジ型があり、初期のころはオープンリール型がよく使用されましたが、カートリッジ型の使用も多くなっています。

　磁気テープは、データを最初から順番にアクセスするしかないため、アクセスに時間がかかります。順次処理には適していますが、直接処理には適していません。

COLUMN

記憶容量と保存データ

　補助記憶装置は年々記憶容量の大きなものが開発され、いまやテラ（兆）バイト単位のものが、手ごろな値段で個人でも手に入るようになっています。テラと言われても、正直のところその大きさがピンとこないのが普通です。そこで、1兆バイトがどのくらいの大きさか具体例で見てみます。

　コンピュータは通常1文字を1バイトで記憶しますが、漢字は2バイトで記憶します。したがって、単純計算では、漢字を含まない文字データは1兆文字、漢字データなら500億文字記憶できます、ただ、データを補助記憶装置に保存する場合、通常ファイル形式にそって保存します。ファイル形式は国際標準規格がなく、ITメーカが独自のものを作成、使用しています。たとえば、本書の原稿はWordソフトを使用して作成しましたが、Wordは拡張子"docx"でデータを保存します。その場合、ページに盛り込まれた文字や図表などの内容でファイルの大きさが異なってきますが、本書を例にとれば、全体で約3.5M程度です。1兆バイトあれば、本書を約28万冊保存できることになります。また、写真は大きさによって違ってきますが、デジタルカメラで撮影した写真は、拡張子"JPG"ファイルで保存すれば、1枚5MB程度です。1兆バイトでは、20万枚保存できます。動画は、拡張子"MOV"で保存すれば、1秒1.5MB（1分90MB/1時間5.4GB）程度です。1兆バイトでは、約180時間の動画が保存できることになります。

この章のまとめ

1　補助記憶装置は、プログラムや大量のデータを保存しておくために使用
　　し、それらのプログラムやデータを利用するときは、主メモリに移動し
　　て処理する。記憶容量は大きいことが望ましい。

2　補助記憶装置でよく使用されるのはディスクであり、データの読み書き
　　は、読み書き用ヘッドで行う。直接アクセス、順次アクセスの両方が可
　　能である。

3　ディスクは、大別して、磁気ディスクと光ディスクがある。

4　磁気ディスクは、表面に磁性材料を塗った円盤（ディスク）の表面を磁
　　化することでデータを記憶する。パソコンでは、HDD が使用されている。

5　光ディスクは、円盤（ディスク）の表面にレーザ光をあて、データの読
　　み書きを行う。読み取り専用型と追記型がある。パソコンでは、CD、
　　DVD、BD が使用されている。

6　ディスク以外の補助記憶装置として、半導体記憶素子を用いたフラッシュ
　　メモリがある。

7　フラッシュメモリとして、SSD、USB メモリ、SD カードがある。

8　フラッシュメモリは、不揮発性で、何度でも書き換えが可能であり、高
　　速である。

練|習|問|題

問題 1　補助記憶装置に関する次の記述の（　）内に適切な用語を入れなさい。

(1)　パソコンで使用される補助記憶装置は、大別して（　a　）、（　b　）、
（　c　）の三種がある。（　a　）は円盤上の磁性体を磁化させてデー
タを記憶する。（　b　）は光媒体を利用してデータを記憶する。
（　c　）は半導体記憶素子を用いてデータを記憶する。

(2)　（　a　）の代表的なものとして（　d　）がある。（　d　）は通常パソ
コン本体に内蔵され、プログラムやデータを保存する。、

(3)　（　b　）には（　e　）、（　f　）、（　g　）の機種があり、記憶容量は
（　e　）が一番小さく、（　g　）が一番大きい。

(4)　（　c　）は半導体記憶素子を用いているので、（　a　）や（　b　）よ
りデータの読み書き時間が（　h　）い。

問題 2　補助記憶装置の特徴に関する次の記述で適切なものには〇、不適切なも
のには×を付けなさい。

(1)　磁気ディスクは、データの書込みや読み取りが自由にでき、直接アク
セス、順次アクセスの両方ができる。

(2)　光ディスクは、データの読み取りしかできない。

(3)　光ディスクは、記憶容量が大きく、補助記憶装置として適しているが、
ビット単価が高いのが難点である。

(4)　フラッシュメモリは、パソコン本体に内蔵されるので、携帯用には適
していない。

問題 3　256GB の容量をもつ USB メモリに、理論上 1 枚 5MB の写真は何枚
保存できるか計算しなさい。

第8章

入出力インタフェースを
理解しておこう

教師：パソコンのハードウェアは、プロセッサを中心に、いろ
　　　いろな入出力装置や周辺装置で構成されているね。

学生：キーボード、ディスプレイ、プリンタ・・・。

教師：そうそう。それ以外にマウス、HDD、SSD、DVD、
　　　USBメモリなどもある。

学生：デジカメだって接続できますよ。

教師：プロセッサでデータを処理するときは、これらの装置との間でデータ
　　　のやり取りをする必要がある。それを支障なく行えるようにするため
　　　に、入出力インタフェースが設定されるのだよ。

学生：入出力インタフェースって何ですか？？

教師：じゃ、今回は入出力インタフェースについて説明すること
　　　にしよう。

この章で学ぶこと

1　入出力インタフェースの必要性について理解する。

2　入出力インタフェースにおけるデータ転送方式について理解する。

3　入出力インタフェースの規格について整理し、理解する。

8.1　入出力インタフェースとは

・入出力インタフェースとは、プロセッサと周辺機器との間でデータ転送を行う
　ときの仕組みおよび装置を指す。

　コンピュータは、通常、プロセッサの制御のもとに、入出力装置、補助記憶装置、外部接続機器など周辺装置と主メモリとの間でデータのやり取りを行います。その場合、主メモリと周辺装置とのデータの移動に際しては、主メモリ側と周辺装置側のデータの転送に関する仕組みが一致していなければなりません[102]。そのため、データの転送に関する仕組みとそれに対する規約が定められています。これを**入出力インタフェース**と呼んでいます（図8.1）。

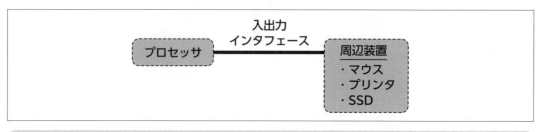

図8.1　入出力インタフェース

8.2　インタフェースの種類

　インタフェースを介してプロセッサと周辺装置間でデータ伝送を行う場合、データの伝送単位によって、シリアルインタフェースとパラレルインタフェースの2つの方式があります。また、電波などを用いて無線によるデータ伝送を行う場合の規格も定められています。

8.2.1　シリアルインタフェース

・シリアルインタフェースは、データを 1 ビットずつ伝送する方式である。

(1) シリアルインタフェースのデータ伝送の仕組み

　シリアルインタフェースでは、データを伝送する信号線が 1 本で構成され、伝送するデータがたくさんあっても、一度に 1 ビットしか送れません。図8.2は、その様子を示しています。

102　たとえば、USB メモリがデータを 1 ビットずつ受け取るようになっているのに、主メモリ側が一度に 8 ビット単位で送ろうとしても上手くいきません。この場合は、データの転送単位を 1 ビットに一致させておく必要があります。

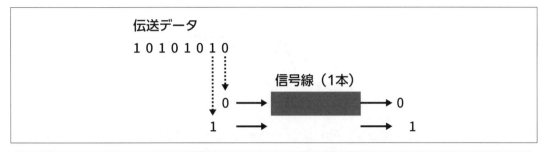

図8.2　シリアルインタフェース

　いま、伝送するデータが8ビットあるとした場合、先頭の1つのビットが最初に送られ、次に2番目のビットが送られるといった具合に一度に1ビットずつ送られていきます。

　シリアルインタフェースでは、一度に1ビットしか送れないため、一般的に、複数ビットを同時に送る方式よりデータの伝送速度は遅くなりがちですが技術的進歩により、USBではパラレルインタフェースより高速になっています。また、構成が簡単なため、安いコストで作成できるという利点があります。

(2) シリアルインタフェースの規格

・シリアルインタフェースの代表的な規格として、USB、IEEE1394、HDMI、SATA などがある。

　パソコンと周辺装置を接続する場合のシリアルインタフェースとして、いくつかの国際的な規格が設定されています。規格を設定することにより、機器メーカがその規格にそった仕様で機器を作成すれば、機器の汎用性が高まることになります。代表的な規格として、USB、IEEE1394、HDMI などがあります。

(a) USB

　USB [103] は代表的なシリアルインタフェースで、パソコンにマウス、プリンタ、USB メモリなどを接続するときに使用されています。いろいろな周辺装置の接続に対応できるため、広く使用され、パソコンに既設された接続口で足りなくなることがよくあります。その場合は、**集線装置（ハブ）** を用いることで、最大127台までの周辺装置を接続できます。1本の接続ケーブルを1つのハブで6台までの機器（他のハブも含む）に分岐でき、ハブをツリー状に接続することで、接続台数を増やしていけます（図8.3）。

103　USB（Universal Serial Bus）

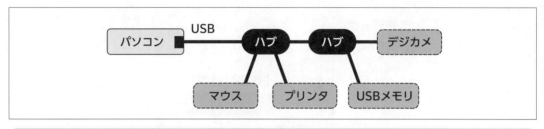

図 8.3　ハブによるツリー接続（最大 127 台）

　また、USB は、電源を入れた状態でも、接続したり外したりできる（ホットプラグ機能）ので、機器の装着が容易であるという利点があります。さらに、接続機器への給電能力も有しており、デジカメや携帯音楽機器などへの充電にも利用することが出来ます。

　USB には、現在までに、USB1 から USB3 までの規格があり、それぞれの規格によってデータの伝送速度が異なります。USB は、シリアルインタフェースのため、従来、データ伝送速度が遅く、接続する機器も限られていましたが、現在では、高速のデータの伝送速度にも対応できるようになり、その利用範囲が広まっています。たとえば、初期の頃は USB1.1、USB2.0 が広く普及していましたが、伝送速度は、それぞれ 12 Mbps、480 Mbps でした。しかし、現在では USB3.2 の伝送速度は 20 Gbps と高速化し、USB2.0 の 40 倍程度速くなっています。

(b) IEEE1394

　IEEE1394[104] は、シリアルインタフェースの 1 つです。データ伝送速度は、当初は 100 〜 400 Mbps が中心でしたが、いまでは 800 Mbps 〜 3.2 Gbps に拡張されています。プロセッサと HDD、DVD などの接続に使用されています。

　USB と同様、ホットプラグ機能や電源供給機能を有しています。周辺機器の接続台数は最大 63 台で USB の半分です。しかし、接続方法は、USB がプロセッサを介してツリー上に接続するのに対し、IEEE1394 は、プロセッサを介さず、周辺機器間を直接接続できる**ディジーチェーン（芋ずる）方式**が可能です。図 8.4 は、その様子を示しています。ディジーチェーン方式で接続する場合、周辺機器は順不同で接続でき、順番を意識する必要はありません。

104　IEEE（Institute of Electrical and Electronics Engineers）：電気電子学会の名称。アイトリプルイーと発音。

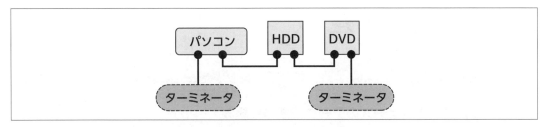

図8.4　ディジーチェーン接続 [105]

　図 8.4 に示すように、多くの IEEE1394 対応機器は、ケーブルを接続するための端子を 2 つ備えています。1 つは前の機器からのデータ受信用、他の 1 つは後の機器へのデータ送信用に使用されます。

　当初は高速インタフェースとして期待されましたが、最近は USB の方がより高速になり、特許問題での使用制限もあり、衰退傾向にあります。

(c) HDMI

　HDMI [106] は、本来アナログである音声や映像をデジタル化したデータを高品質で伝送するインタフェースです。HDMI の規格にそった HDMI ケーブルで音声や映像を一緒に高品質で伝送することができます。主としてテレビや DVD レコーダなど家電製品で使用されていますが、パソコンでもプロセッサとディスプレイの接続に使用されています。

　数種類のバージョンがあり、伝送速度は 4.95 Gbps 〜 48 Gbps です。高速になるほど、画像が高品質になります。

(d) SATA

　SATA [107] はパソコンのプロセッサと内臓の HDD や SSD を接続するためのシリアルインタフェースです。低価格の HDD や SSD と接続できるため、広く使用されています。伝送速度によって、SATA1.0、SATA2.0、SATA3.0 があり、それぞれの伝送速度は、1.5 Gbps、3 Gbps、6 Gbps です。HDD や SSD の外付けに対応した規格もあり、eSATA と呼ばれています。

105　チェーンの両端には、ターミネータと呼ばれる終端抵抗が必要になります。ターミネータは、電気的な特性（インピーダンス）を整合するために設置されます。ただ、技術の進化により、ターミネータが不要な機器の製品もあります。

106　HDMI（High Definition Multimedia Interfase）：高精細度マルチメディアインタフェース

107　SATA（Serial Advanced Technology Attachment）

8.2.2 パラレルインタフェース

> ・パラレルインタフェースは、データの複数ビットを一度に伝送する方式である。

(1) パラレルインタフェースのデータ伝送の仕組み

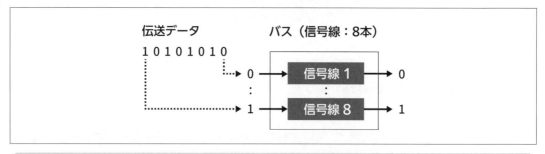

図 8.5 パラレルインタフェース

シリアルインタフェースが、一度に 1 ビットずつ伝送するのに対し、**パラレルインタフェース**は、データの複数ビットを一度に伝送する方式です。データを伝送する信号線は複数本で構成され、信号線の数だけの複数ビットを同時に送ることができます。図 8.5 は、その様子を示しています。

いま、信号線が 8 本で構成されているとした場合、8 ビットが同時に送られます。複数の信号線をまとめて、**バス**と呼んでいます。バスの信号線の数は、通常、8、16、32 があり、信号線の数だけのビットを同時に転送することができます。

パラレルインタフェースは、一度に複数ビットを同時に送れるため、一般に、データの伝送速度は速くなります。しかし、同期の取り方、信号ずれなどの問題で、最高速度には限度があり、いまではシリアルインタフェースの USB や SATA の方が高速伝送できるようになっています。また、コストが高くなり、端子の大きさも大きくなる傾向があります。

(2) パラレルインタフェースの規格

> ・パラレルインタフェースの標準的な規格として、SCSI、IEEE1284 などがある。
> ・複数ビットを同時に送れるが、技術的な問題でデータの伝送速度に限界があり、より高速なシリアルインタフェースにとって変わられている。

パソコンと周辺装置を接続する場合のパラレルインタフェースとして、いくつかの国際的な規格が設定されています。代表的なものとして SCSI、IEEE1284 があります。

(a) SCSI

SCSI [108] は、パソコンなどの小型コンピュータに関するインタフェース規格です。SCSI は、データを 8 ビット同時に送れるパラレルインタフェースで、HDD、CD-ROM、DVD などを 7 台まで、ディジーチェーン方式で接続できます。接続ケーブルの長さは、1.5m から 25m まで可能です。伝送速度は、5 MByte/s（Mbps）〜 5.12 GByte/s（Gbps）です [109]。

主としてコンピュータ内蔵の HDD とプロセッサ間のデータ伝送に使用され、外付けの周辺機器に対しては、高速の USB が出現しているため、それに取って代わられているのが現状です。

(b) IEEE1284

IEEE1284 は、IEEE の標準規格で、プロセッサとプリンタの接続に使用されていましたが、最近では USB に取って変わられ、ほとんど使われていません。

8.2.3 無線接続の規格

・入出力インタフェースには、プロセッサと周辺機器間の接続をケーブルを使用しないで、赤外線や電波で行う方法がある。

入出力インタフェースは、シリアルにせよパラレルにせよ、パソコンと周辺機器間は、通常、その規格にそったケーブルで接続することを想定しています。しかし、ケーブルを使わないで接続する方法もあります。それは、赤外線や電波による接続です。

(1) 赤外線による接続の規格

赤外線を用いてパソコンと周辺機器を接続する方法があります。たとえば、パソコンとマウスを赤外線通信で接続できます。また、デジカメで撮影した写真を赤外線でパソコンに送ることも可能です。その場合、パソコン側には USB 端末に赤外線通信用のアダプタを付け、マウスやデジカメとパソコン間は無線になります。ただ、通信距離は 30 cm 〜 1 m と短く、装置間になんらかの遮蔽物があると通信できません。

赤外線通信を行う場合の規格としては、**IrDA** [110] があります。IrDA には、いくつかの種類があり、種類によってデータ伝送速度は 115 Kbps 〜 16 Mbps になります。マウスは低速で十分ですが、デジカメは画像のデータ量が多くなるため、高速のものを使用する必要があ

---

108 SCSI（Small Computer System Interface）：一般的にスカジーと呼んでいます。
109 8 ビット（1 バイト）単位で送るため、Byte/s（1 秒間で送れるバイト数）で表現します。bps（1 秒間で送れるビット数）で表現すれば、8 倍になります。
110 IrDA（Infrared Data Association）

ります。

　赤外線通信は、気軽に使用でき、用途も広がることが予想され、データ伝送速度もより高速なものが期待されています。

(2) 電波による接続の規格

　電波を用いてパソコンと周辺機器、複数のパソコンを無線で接続することができます。この方式を用いれば、機器間の接続ケーブルは不要になり、無線でデータ伝送が可能になります。規格としては、パソコンと周辺機器を無線で接続するときの Bluetooth、複数のパソコンを無線 LAN（LAN については第 12 章参照）で使用するときの IEEE802.11 が使用されています。

(a) Bluetooth（IEEE802.15.1）

　Bluetooth は、パソコンのプロセッサとマウスやキーボード間を電波で接続するときの近距離無線規格の 1 つです。電波の届く範囲は 10 m 程度、データの伝送速度は 60 Kbps 〜 2 Mbps で、伝送量が比較的少ない場合、データのやり取りを簡単に行うことができ、安価で実現できます。Bluetooth を利用すれば、パソコンやスマホの音声をワイヤレスイヤホンで聞くこともできます。

(b) IEEE802.11（Wi-Fi 規格）

　IEEE802.11 は、広く使用されている Wi-Fi（無線 LAN：第 12 章で詳述）の国際的な標準通信規格です。限られた区域内にある複数のパソコンを電波による無線で接続し、ネットワークシステムとして使用する際の規格です。一般に、限られた区域内にある複数のパソコンを対象にしたネットワークを LAN と呼んでいます。ネットワーク内のパソコン間を、ケーブルで接続するのではなく、無線でデータ伝送する場合を、特に**無線 LAN** と呼んでいます。その意味では、IEEE802.11 は、無線 LAN の規格の 1 つとしてとらえることができます。

　IEEE802.11 には、いくつかのバージョンがありますが、バージョンによって、データ伝送速度は、11 Mbps 〜 9.6 Gbps になります。

　表 8.1 は、主な入出力インタフェースのまとめです。

表8.1 入出力インタフェース

種類	規格	主な用途	伝送速度	備考
シリアル	USB	プリンタ、USB メモリ	12Mbps ～ 20Gbps	最大 127 台、ツリー接続、ホットプラグ
	HDML	ディスプレイ、テレビ	4.95Gbps ～ 48Gbps	音声、映像同時伝送 高品質
	SATA	HDD	1.5Gbps ～ 6Gbps	低価格 HDD 対応 外付 HDD は eSATA
パラレル	SCSI	HDD、DVD	6Mbyte/s ～ 5.12Gbyte/s	最大 7 台、ディジーチェーン接続
	LEEE1284	プリンタ	0.4Mbyte/s ～ 2.5Mbyte/s	USB へ置き換え
無線	IrDA デバイスドライバ	マウス、デジカメ	115Kbps ～ 16Mbps	赤外線接続、通信距離は 30cm ～ 1m
	Bluetooth	マウス、キーボード	60Kbps ～ 2Mbps	電波（1m ～ 10m）
	IEEE802.11	無線 LAN	11Mbps ～ 9.6Gbps	Wi-Fi

この章のまとめ

1 入出力インタフェースとは、プロセッサと周辺機器との間でデータ伝送を行うときの、仕組みおよび仕様を指す。

2 インタフェースには、データの伝送単位によって、シリアルインタフェースとパラレルインタフェースの 2 つの方式がある。

3 シリアルインタフェースは、データを 1 ビットずつ伝送する方式であり、パラレルインタフェースは、データの複数ビットを一度に伝送する方式である。

4 シリアルインタフェースの代表的な規格として、USB、HDMI、SATA などがある。

5 パラレルインタフェースの代表的な規格として、SCSI がある。

6 入出力インタフェースには、プロセッサと周辺機器間の接続をケーブルを使用しないで、赤外線や電波で行う方法もある。関連規格として、IrDA、Bluetooth、IEEE802.11 などがある。

練習問題

問題1 入出力インタフェースに関する下記の文の空欄に適切な用語を記入しなさい。

(1) 入出力インタフェースは、データの転送単位により、1ビットずつ転送する（ a ）と複数のビットをまとめて転送する（ b ）がある。

(2) パソコンで広く使用されている USB は、（ c ）インタフェースの1つであり、（ d ）を用いて最大（ e ）台の周辺装置を接続できる。

(3) SCSI は、（ f ）インタフェースの規格の1つであり、（ g ）方式で、最大（ h ）台までの周辺機器を接続できる。

(4) 赤外線方式でパソコンにマウスなどを接続するときの規格として（ i ）がある。

問題2 入出力インタフェースに関する下記の文で適切なものには○、適切でないものには×を付けなさい。

(1) 入出力インタフェースは、パソコンと周辺機器を接続するときの仕組みとその仕様であり、固有の周辺機器（たとえば HDD）に対して1つのインタフェース規格が対応し、選択できない。

(2) シリアルインタフェースは、一般に、データ伝送速度が遅いとされてきたが、最近では、高速のものも開発されている。

(3) 周辺機器をディジーチェーン方式で接続する場合は、機器の接続順序が決まっているので注意が必要である。

(4) パソコンと周辺機器を接続する場合は、必ず接続ケーブルを用いなければならない。

第 9 章

オペレーティングシステムで
コンピュータ操作が楽になる

教師：いままではコンピュータのハードウェア中心に勉強して
きたね。少し難しい部分もあったかと思うけど。

学生：パソコンの見方がいままでと違ってきました。

教師：それはよかった。でも最初に説明したけど、コンピュー
タはハードウェアとソフトウェアがそろってはじめて仕
事ができるんだ。

学生：パソコンを使用するときの Windows や Chrome OS はソフトウェ
アでしたよね。

教師：その通り。パソコンでもしこれらのソフトウェアが使えなかったら、
どうなるか考えたことある？

学生：うーん！

教師：Windows や Chrome OS のようにコンピュータを使いやすくする
ソフトウェアをオペレーティングシステムというんだ。まずそこから
説明することにしよう。

この章で学ぶこと

1　オペレーティングシステムとは何かを知り、その目的を理解する。

2　コンピュータシステムの処理効率向上について理解する。

3　オペレーティングシステムのタスク管理、メモリ管理、入出力管理、デー
タ管理、ユーザ管理を理解する。

9.1 オペレーティングシステムとは

9.1.1 オペレーティングシステムの目的

・オペレーティングシステムは、コンピュータシステム全体を効率よく稼動させ、システムの処理効率性向上を目的として作られた基本ソフトウェアである。

　オペレーティングシステム（OS）は、コンピュータシステム全体を効率よく稼動させ、システムの処理効率性向上を目的として作られた基本ソフトウェアです。第 1 章で述べたように、コンピュータには、いろいろなタイプのソフトウェアが用意されています。その中で、OS [111] は最も基本になるソフトウェアで、コンピュータシステム全体の動作を効率よく制御します。

　オペレーティングシステムで最初に注目されたのは、IBM 社が汎用コンピュータ用に開発した OS です。その名も OS で、オペレーティングシステムの名前の由来になっています。その後、パソコン用に Microsoft 社の Windows や Google 社の Chrome OS、スマホ用に Apple 社の iOS、Google 社の Android などが広く使用されています。

9.1.2 コンピュータシステムの処理効率向上

　コンピュータシステムの処理効率向上とは、システムの処理能力、応答時間、使用可能度、信頼性などの指標で示されます。

(1) 処理能力

　処理能力とは、一定の時間内にシステムが処理する仕事量のことです。コンピュータの処理能力をスループットということもあります。

(2) 応答時間

　応答時間とは、コンピュータに、ある要求を出してからその答が戻ってくるまでの時間をさします。たとえば、銀行の ATM で、払戻しの要求を入力してからお金とカードが戻ってくるまでの時間です。レスポンスタイムと呼ぶこともあります。

　銀行の ATM による処理は、1 つ 1 つの要求を即時に処理する必要があります。このような処理はリアルタイム処理と呼ばれます。レスポンスタイムという用語は、リアルタイム処理のときによく使われます。

111　OS（Operating System）

　応答時間を表す用語として、ターンアラウンドタイムという用語も使われることがあります。この用語は、バッチ（一括）処理の場合によく使われます。

　ターンアラウンドタイムは、バッチ処理を開始してからその処理がすべて終了するまでの時間をさします。

(3) 使用可能度（可用性）

　使用可能度とは、仕事をするためにシステムが必要になったとき、システムがすぐに使用できるか否かを示す度合いを表します。プロセッサや入出力装置などのコンピュータ資源は、処理能力の違いなどで、他の資源が稼動中に何もしないで遊んでいる資源が発生することがよくあります[112]。コンピュータで処理しなければならない仕事が集中しているときは、遊休資源を他の仕事で活用することにより、コンピュータシステムの使用可能度を高めることができます。OS は、コンピュータシステムの各資源の稼動状況を監視し、遊休資源があれば、それを他の仕事に割り振ることによって使用可能度を高めるよう管理します。可用性と呼ぶ場合もあります。

(4) 信頼性

　信頼性とは、システムがどの程度正しく作動するかの度合いです。コンピュータシステムは機器の集まりなので、なんらかの事情でエラーが発生し、正しく作動しないことがあります。それをそのままにしておくとシステムの信頼性は低下します。またエラーによるシステム停止で、使用可能度も低下します。エラーが発生したとき、その原因を調べ、自動的にエラーの回復を試みたり、使用者に迅速に状況を連絡したりする機能をシステムにもたせれば、信頼性は向上し、使用可能度も向上します。OS は、このような管理も行います。

9.2　OS の機能

　コンピュータシステム全体の生産性を向上させるために、OS はタスク管理、メモリ管理、入出力管理、データ管理、ユーザ管理などの機能を行います。

9.2.1　タスク管理

　使用者が、コンピュータに行わせようとする仕事の単位をジョブといいます。それに対し、コンピュータが仕事をする単位をタスクといいます。1 つのジョブは、通常、いくつかのタ

112　たとえば、ある仕事で出力を印刷しているときは、プリンタは稼動中でも、プロセッサは何もしていない時間が出てきます。このようなプロセッサの遊休時間を、他の仕事に活用すれば、コンピュータシステム全体の使用可能度を高くすることができます。

スクに分割され実行されます。

　プロセッサや入出力装置などの各種資源の遊休時間を活用すれば、複数タスクを同時に並行して処理することができるようになります。それによって、コンピュータシステムの生産性を高めることができます。タスク管理機能は、それを行うための OS 機能の 1 つです。

　複数タスクを同時に並行して処理することを多重処理（マルチプログラミング）といいます。多重処理によって応答時間が短縮されます。

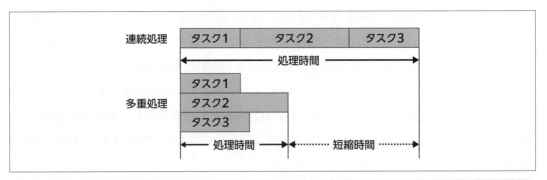

図 9.1　タスク管理機能による多重処理 [113]

9.2.2　メモリ管理

　メモリ管理は、メモリ領域の有効活用を可能にします。第 6 章で述べたように、主メモリは大きさに制限があります。そのため、多重処理や画像などの大量データを処理するときは、容量が不足することがあります。

　その場合、OS は仮想メモリ機能を用いて主メモリ不足の問題を解決します。仮想メモリ機能とは、補助記憶装置の一部を主メモリと見做して利用し、見かけ上の主メモリの容量を拡大し、不足分を補う機能です。仮想メモリ機能により、補助記憶装置上の仮想主メモリは、あたかも実際の主メモリであるかのように使用できるようになります。

(1) ページング方式

　仮想メモリ機能は、通常、ページング方式で行います。ページング方式は次のような手順で実行します。

1)　実行するプログラムを一定の大きさをもつ複数のページに分解し、すべてのページを仮想メモリである補助記憶装置に格納する。

113　図 9.1 で、3 つのタスクを直列的に連続処理するときは、タスク 2、3 は、前のタスクの処理が終らない限り、処理できません。多重処理のときは、タスク 1、2、3 は、同時に並行して処理することができ、3 つのタスクの全体の終了時間は早くなり、応答時間が短縮されます。

2) プログラムの実行手順にそって、実メモリの空き容量分を仮想メモリから主メモリに移し、実行する。

3) 仮想メモリ上に残されたページの実行が必要になったとき、実メモリ上の実行されていないページを仮想メモリに戻し、代わりに実行が必要なページを仮想メモリから実メモリに移し、実行する。各ページが仮想記憶域と実記憶域間を移動するときは、同じアドレスに移動できるようにページテーブルで対応する。

図 9.2 は、その例を示しています。この例では、プログラムは 5 ページに分割され、補助記憶装置上の仮想メモリ域に格納されています。実メモリは、容量不足で 3 ページ分しか格納できないため、ページ 1、2、3 をロードし、実行します。ページ 4 を実行するときは、実行済のページ（この例ではページ 3）を仮想メモリ域の元の場所に戻し、ページ 4 を実メモリにロードし、実行します。

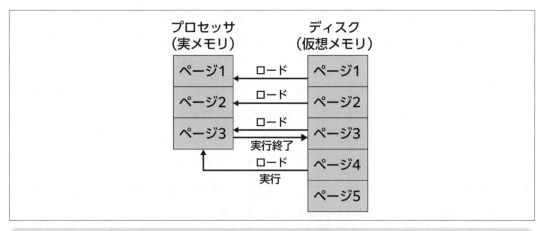

図 9.2　ページング方式

ページング方式では、プロセッサと補助記憶装置間でのやり取りが頻繁に行われるため、処理時間が長くなり、性能が低下します。それを避けるためには、主メモリの容量を増やす必要があります。

(2) 仮想サーバ

仮想メモリ技術を利用して、仮想サーバが実用化されています。

仮想サーバとは、実際には 1 台のプロセッサ（サーバ）にもかかわらず、複数台のサーバが稼働しているのと同じ処理ができるようにしたものです。複数台の仮想サーバでは、それぞれ固有の OS やアプリケーションプログラムを処理することができます。ただ。サーバと補助記憶装置とのやり取りが頻繁になり、処理速度は遅くなりますし、補助記憶装置の容

量は、複数のサーバで分け合うことになり、各サーバが単独で全体の容量を利用できるわけではありません。

　1 台のプロセッサを複数の仮想サーバで稼働させるためには、実際のプロセッサを制御している OS に複数の仮想サーバを可能にするためのアプリケーションソフトウェアをロードさせて行う方法（ホスト OS 方式といいます）と、最初から実際のプロセッサに複数の仮想サーバを可能にするハイパーバイザと呼ばれる専用ソフトウェアを稼働させて行う方法（ハイパーバイザ方式といいます）の 2 つの方法があります。ハイパーバイザ方式は、既存の OS 処理が必要でなく、その分、ホスト OS 方式より処理効率がよくなります。

9.2.3　入出力管理機能

(1) デバイスドライバ

　第 8 章で述べたように、プロセッサと周辺機器間のデータ伝送には、使用目的に応じて、必要な入出力インタフェース規格のケーブルを接続したり、無線による接続を用意する必要があります。

　しかし、機器や規格をそろえても、それだけでデータ伝送ができるわけではありません。データ伝送を制御、操作するソフトウェアが必要になります。

　OS は入出力管理の一環として、このソフトウェアを提供します。

　このソフトウェアがデバイスドライバです。デバイスドライバは、接続する機器（デバイス）ごとに用意する必要があります。ただ、通常、OS が周辺機器を接続したときに、その周辺機器に必要なデバイスドライバの追加や設定を自動的に行います[114]。その場合は、周辺機器を接続するだけで簡単に使用できるようになります。

　OS がこの機能を持たないときは、接続する周辺機器に付属しているデバイスドライバ（通常 DVD-ROM に収納されている）をインストールしたり、その機器のメーカのホームページからインストールする必要があります。一度インストールすれば、その後は OS が必要なときにそのドライバを稼働させます。

　周辺機器を接続しても、うまく稼働できないときは、ドライバがインストールされているか否かを確かめてみる必要があります、確かめる方法は、どの OS でもできますが、たとえば、Windows では、デスクトップ画面の左下にあるスタートボタンを右クリックし、デバイスマネージャーをクリックするとインストール済のドライバの一覧を確かめることができます。

114　この機能をプラグアンドプレイといいます。

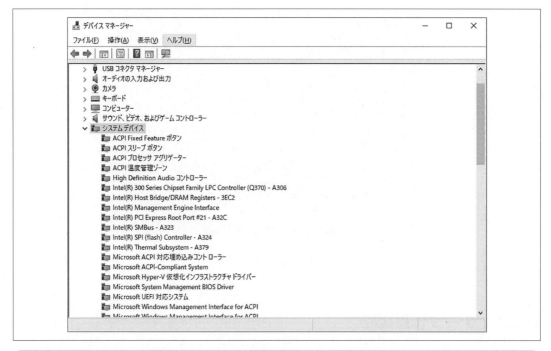

図9.3　インストール済のドライバ（Windows）

(2) ユーザ（ヒューマン）インタフェース

　パソコンやスマホを使用するとき、使用者はディスプレイ画面を介して、自分が処理したい仕事をコンピュータに伝えます。パソコンやスマホの電源をオンにしたとき、最初に表示されるデスクトップ画面上（図9.4）に個々のアプリケーション（適用業務）ごとのアイコンが表示されます。使用者は希望するアイコンをマウスでクリックするだけで、必要な業務を開始することができます。また、アプリケーション画面には、タスクバーなども表示され、処理結果の保存などより詳細な指示もできるようになっています。

　このように、使用者が、コンピュータ内部の仕組みを詳しく知らなくても、画面操作だけで仕事ができるようにするのが、GUI[115] です。ユーザインタフェースには、GUI のほかに、画面から文字データを入力できる CUI[116] 機能も備わっています。

　このようなユーザインタフェース機能は、OS の入出力管理機能が管理、制御しています。ユーザインタフェース機能の充実により、コンピュータの使用が容易になり、コンピュータの普及に大きく貢献しています。

115　GUI（graphical User Interfase）
116　CUI（Caracter User Interfase）

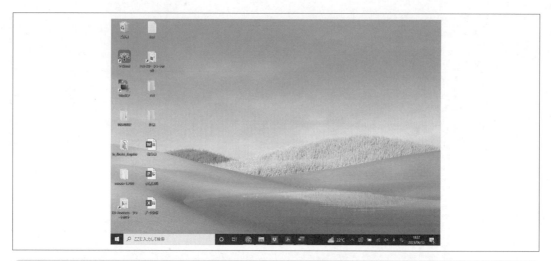

図9.4 デスクトップ画面

9.2.4 データ管理機能

コンピュータは種々の業務を実行し、特定の目的を持った大量のデータを作成します。これらのデータは、通常、再利用ができるように補助記憶装置に保存します。また、各業務を実行するためのプログラムも再度の利用のために補助記憶装置に保存されます。これらのデータやプログラムを保存するときに、何の取り決めもしないで、ただ補助記憶装置の空いている場所に保存するなら、後で利用するときに、保存場所がわからなくなったり、誤用、盗用などのトラブルが発生する可能性があります。

データ管理機能は、これらのトラブルを防ぎ、ハードウェアが違っても正しくデータを使用できるように、データをファイル単位で管理できるようにします。この機能によって、使用者はデータを個々の目的を持ったファイルとして、統一して管理できるようになります。

パソコンでは、データ管理機能として、データとともに、プログラムもファイルとして扱い、ファイルの統一的管理を行っています。これをファイルシステムと呼んでいます。パソコンを使用するときは、このファイルシステムを用いてファイルの保存や読み取りを行うことができます。

(1) ファイルシステムとは

パソコン上では、データもプログラムもただの文字の集まりとして扱われ、すべてファイルとして処理されます。そのため、数多くのファイルが存在することになります[117]。これら

---

117 OSがあらかじめ用意したプログラム、利用者がさまざまな仕事で用意したプログラムやデータは、すべてパソコン上ではファイルとして扱われます。

のファイルを扱うときは、他のファイルと区別するために、固有のファイル名を付けたり、どの補助記憶装置のどの場所に保存したかなどを体系的に管理するものがファイルシステムです。ファイルシステムは、数多くあるファイルを分類、整理して、必要なときに、必要なファイルを処理できるように管理します。

(2) ファイルシステムの構造

・ファイルシステムはディレクトリとファイルで構成される。
・ディレクトリは階層的に構成できる。
・ファイルはディレクトリ内に含める。

　ファイルシステムの基本構成要素は、ディレクトリとファイルです。ディレクトリは多数のファイル情報を管理する一種の登録簿です。システム内に多くのディレクトリをもつことができ、1 つのディレクトリ中に別のディレクトリをもつこともできます。つまり、ディレクトリを階層的にもつことができます。そして、1 つのディレクトリ内に多数のファイルを登録することができます。ディレクトリはフォルダとも呼ばれています。

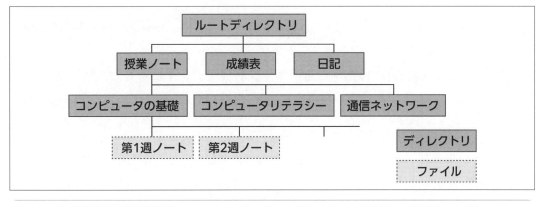

図 9.5　ファイルシステム

　図 9.5 はファイルシステムの例を示しています [118]。ディレクトリは階層的に構成され、最上位は、ディレクトリが 1 つだけです（ルートディレクトリ）。ルートディレクトリは、別のディレクトリを複数個もつことができます。これらのディレクトリは、ルートディレクトリの下位ディレクトリとして位置付けられます。さらに、下位ディレクトリは、ルートディレクトリと同様に、それぞれ複数のディレクトリを自分の下位ディレクトリとして、もつこ

118　図 9.5 では、「ルートディレクトリ」は「授業ノート」、「成績表」、「日記」の 3 つの下位ディレクトリを持っています。「授業ノート」は、「コンピュータの基礎」、「コンピュータリテラシ」、「通信ネットワーク」の 3 つの下位ディレクトリを持っています。さらに、それぞれの下位ディレクトリには、各週ごとのノートがファイルとして登録されています。

とができます。各ディレクトリは、自分の下位ディレクトリと同時に、複数のファイルをもつことができます。

　ディレクトリは、この例のように、目的ごとに作成できます。そして、その目的にそった複数のファイルをまとめて管理することができます[119]。

(3) ファイルの操作

　ファイルシステムを利用して、使用者は簡単にファイルの保存や使用ができるようになります。

　たとえば、作成したレポートを、ファイルシステムに登録するときは、アプリケーション画面上部にあるタスクバーのファイルを選択し、「名前を付けて保存」で保存先の補助記憶装置ドライブ、ディレクトリ、ファイル名を指定すれば、ファイルシステムの該当の場所にOSが保存してくれます。保存したファイルを使用したいときは、「開く」で保存先のドライブ、ディレクトリ、ファイル名を指定すれば、そのファイルをドライブから取り出し、プロセッサの主記憶装置にロードし、稼動状態にしてくれます。

(4) パス

> ・ファイルシステム内のディレクトリやファイルの場所の指定は、絶対パスあるいは相対パスを使用する。
> ・絶対パスは、最上位から指定したディレクトリやファイルまでの経路である。
> ・相対パスは、カレント位置から指定したディレクトリやファイルまでの経路である。

　ファイルシステムでは、ファイルを指定した場所に登録したり、取り出したりするときは、パス（経路）を指定して行います。ファイルシステム内のディレクトリやファイルは、すべて一意のパス名で識別することができるようになっています。パス名は、ディレクトリやファイルの位置を示し、その位置にたどりつくための経路を提示します。

　パスを指定するときは、絶対パスと相対パスの2つの方法があります。

(a) 絶対パス

　絶対パスとは、ファイルシステムのルートディレクトリから始まり、指定したディレクトリやファイルにたどりつくための一意的な経路を指します。絶対パスの先頭の名前は、ルートディレクトリから始まります。ルートディレクトリの名前は、「/」記号で表現します。一方、

119　ディレクトリ「授業ノート」は、授業のノートをまとめて管理するためのものです。その中に、科目ごとの授業ノートを管理するディレクトリを作成しておけば、授業ノートを科目ごとに管理できることになります。

パスの最後の名前は、指定したディレクトリかファイルの名前になります。パスの途中の名前は、指定したものにたどりつくまでに階層的に経由するディレクトリの名前になります。たとえば、先の例で、「コンピュータの基礎」の「第1週ノート」を示す絶対パスは

/ 授業ノート / コンピュータの基礎 / 第1週ノート

になります [120]。図 9.6 は、この絶対パスを図で示したものです。

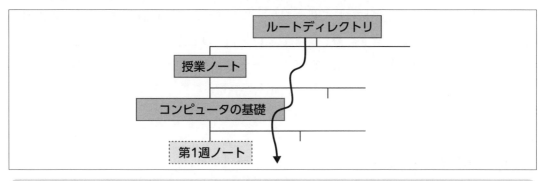

図 9.6 絶対パス

(b) 相対パス

相対パスは、カレントディレクトリから新たに指定したディレクトリかファイルにたどりつくための一意的な経路を指します。カレントディレクトリとは、その直前に指定されていたディレクトリのことです。ファイルシステムは、新たに次のファイルが指定されるまで、直前に指定されたディレクトリをカレントディレクトリとして認識しています。

カレントディレクトリに登録されている下位ディレクトリやファイルを指定したいときは、相対パスを使用すると、経路が簡単になり、扱いやすくなります。

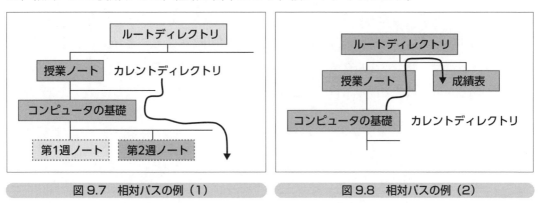

図 9.7 相対パスの例（1）　　　　　　図 9.8 相対パスの例（2）

120　この例で、先頭の「/」は、最上位ディレクトリ名を表します。「授業ノート」、「コンピュータの基礎」は、途中のディレクトリ名、「第1週ノート」はファイル名です。これらの名前の間にある「/」記号は、名前を区切るための記号として使われます。

　たとえば、カレントディレクトリが「授業ノート」で、「コンピュータの基礎」の「第2週ノート」を指定したいときの相対パスは、

　　　コンピュータの基礎 / 第2週ノート

になります。絶対パスと比較して、パスが簡単になります（図9.7）。

　相対パスを利用して、ファイルシステム内のどのディレクトリやファイルでも指定できます。その場合、指定する場所によっては、ファイルシステムの階層構造内を一度上にたどる必要が出てくることがあります。カレントディレクトリの上位のディレクトリを指定するには、「..」記号[121]を使用します。図9.8で、カレントディレクトリが「コンピュータの基礎」で、ディレクトリの「成績表」を指定する場合、相対パスは、

　　　../../ 成績表 [122]

になります。

(5) データのバックアップ

　いろいろな業務で作成されたデータはファイルとして保存されますが、機器障害やウイルスなどによって、紛失する可能性があります。重要なデータであれば、万一に備えて別の場所にコピーを取っておくのが無難です。コピーデータを保存する場所としては、通常、補助記憶装置を利用しますが、クラウドコンピューティングサービス（第13章参照）を利用することもできます。パソコンやスマホのOSでは、種類によって操作方法は異なりますが、バックアップのための機能を有しています。またバックアップ専用のソフトウェアも用意されていて、パソコンやスマホのデータをそのまま別の場所に保存することもできます[123]。

　パソコンでは、フォルダ（ディレクトリ）やファイル単位で、コピーデータを別の補助記憶装置に保存することもできます。保存に使用する補助記憶装置は、コピーデータを十分に保存できる容量を持ったものを選びます。最近のDVD-RAMやBD-R、USBメモリなどはGBやTB単位の記憶容量を持っていますので、十分使用に耐えることができます。データのバックアップは、該当フォルダやファイルをマウスのポインタで選択し、右クリック「コピー」、「貼り付け」機能で簡単に行うことができます。

121　「..」は、ドットドットと発音します。
122　先頭の「..」は、カレントディレクトリの上位にあるディレクトリ「授業ノート」を指しています。また、次の'..'は、「授業ノート」の上位ディレクトリ「ルートディレクトリ」を指しています。
123　たとえば、スマホの場合、OSがiOSであれば、iTunes、Androidであれば、Googleドライブを利用して行います。

9.2.5 　ユーザ管理

　ユーザ管理は、1 台のコンピュータを複数の利用者が使用するときに、使用者ごとにユーザアカウントを登録したり、削除したりする機能です。

　ユーザアカウントとは、ユーザ名やパスワードなどの情報の集まりです。ユーザ管理機能によって、利用者がシステムに正規に登録された者かどうかを識別します。また。利用者ごとにできる操作とできない操作を決めることができます。通常、ユーザ管理では、一般ユーザとシステム管理者に分けられ、一般ユーザは情報検索や既存のソフトウェアは使用できますが、自分で作成したプログラムは使用できません。使用するときは、システム管理者の権限をもたせてプログラムをシステムに登録してから使用します。

　システム管理者には一人だけなることができ、OS の「設定」機能で行います。

この章のまとめ

1　オペレーティングシステムは、コンピュータシステム全体を効率よく稼動させ、システムの生産性向上を目的として作られた基本ソフトウェアである。

2　コンピュータシステムの生産性は、処理能力、応答時間、使用可能度、信頼性などの指標で表す。

　　処理能力　　：一定の時間でシステムが処理する仕事量

　　応答時間　　：要求を出してからその答が戻ってくるまでの時間

　　使用可能度：システムが使用できるか否かを示す度合い

　　信頼性　　　：システムがどの程度正しく作動するかの度合い

3　OS の主要機能はタスク管理、メモリ管理、入出力管理、データ管理、ユーザ管理などである。

4　タスク管理機能は、タスク（コンピュータから見た作業の単位）の多重処理を可能にする。

5　メモリ管理機能は、仮想メモリを可能にする。

6　入出力管理は、プロセッサと周辺装置間のデータ伝送を操作する。また、ユーザインタフェースを提供し、使用者のコンピュータ操作を容易にする。

7　データ管理機能は、ジョブで使用するデータを統一して管理する。パソコンでは、そのために、ファイルシステムを使用する。

8　ファイルシステムはディレクトリとファイルで構成され、ディレクトリは階層的に構成できる。ファイルはディレクトリ内に含める。

9　ファイルシステム内のディレクトリやファイルの場所の指定は、絶対パスあるいは相対パスを使用する。

　　絶対パス：最上位のディレクトリから指定したファイルまでの経路

　　相対パス：カレント位置からの経路

10　ユーザ管理は、個々の使用者のアカントを登録し、操作権限を与える。

|練|習|問|題|

問題1　OS に関する次の記述で、正しいものには〇、正しくないものには×を
　　　　つけなさい。

(1)　OS はコンピュータシステム全体の処理効率を上げることを目的とした
　　　基本ソフトウェアである。

(2)　OS の機能の1つとして、タスク管理機能があり、それにより複数タス
　　　クの並列処理が可能になる。

(3)　OS の機能の1つとして、メモリ管理機能があり、それによりファイル
　　　システムを利用することができる。

(4)　OS の機能の1つとして、データ管理機能があり、それによって仮想メ
　　　モリを有効に活用することができる。

問題2　下記の用語の意味するところを簡単に説明しなさい。

(1)　スループット

(2)　レスポンスタイム

(3)　ターンアラウンドタイム

問題3　下記のような構造をもつファイルシステムがあります。ここで、A、B、
　　　　はディレクトリ、F1 〜 F3 はファイルであるとします。いま、カレン
　　　　トディレクトリが A の状態で、ファイル F3 を指定する相対パスを定
　　　　義しなさい。

第 10 章

アプリケーションソフトウェアで自分の仕事をしよう

教師：レポートを作成するとき、パソコンで作っているんだろう？

学生：はい。

教師：どんなソフトを使ってる？

学生：僕は、文章を作るときは Word、表を作るときは Excel を使っています。

教師：インターネットを利用する場合はどう？

学生：Edge を利用していますよ。

教師：Edge は、インターネットで情報を検索するときのソフトだよね。レポート作成にしろ、インターネットにしろ、使用目的に応じて、必要なソフトを使いわけているわけだ。このような使用目的ごとに作成されたソフトがアプリケーションソフトウェアなんだ。

この章で学ぶこと

1 アプリケーションソフトウェアには共通ソフトウェアと個別ソフトウェアがあることを理解する。

2 アルゴリズムについて理解し、業務処理手順を表現する

3 プログラミングとプログラミング言語の体系について理解する。

4 プログラムがコンピュータで実行できるまでの流れについて理解する。

10.1 アプリケーションソフトウェアとは

・アプリケーションソフトウェアには、共通アプリケーションソフトウェアと個別アプリケーションソフトウェアがある。

第 1 章で説明したように、**アプリケーションソフトウェア**には、共通アプリケーションソフトウェアと個別アプリケーションソフトウェアがあります。共通アプリケーションソフトウェアは、ワープロソフトや表計算ソフトのようにいろいろな業務で共通に使用されるものです。一方、個別アプリケーションソフトウェアは、企業の販売管理や給与計算など特定の業務だけで使用されるソフトウェアです。

10.2 共通アプリケーションソフトウェア

・共通アプリケーションソフトウェアは、開発ツールとオープンソースソフトウェアに分けられる。

共通アプリケーションソフトウェアには、ワープロソフトや表計算ソフトなどの開発ツールと無償でソースコードが公開され、自由に改変できるオープンソースソフトウェアがあります。

10.2.1 開発ツール

いろいろな業務で共通に使用できる開発ツールとして、ワープロ、表計算、データベース、プレゼンテーションなどのソフトウェアパッケージがあります。

(1) ワープロソフト

ワープロソフト [124] は、文書を作成するためのソフトウェアです。日本語入力システムを使用して、ローマ字やひらかなで文字を入力し、漢字変換した文書を作成できます。文字のフォントの種類やサイズを選ぶこともできます。図表を挿入する機能などもあり、表現力豊かな文書を作成することができます。

---

124 マイクロソフト社の「Word」があります。

(2) 表計算ソフト

表計算ソフト[125] は、表に入力した数値の計算をしたり、計算結果をグラフにして表示するなどの機能を持っています。計算は四則演算やべき数計算ができます。また、関数を使用して合計や平均値、最大値、最小値などを求めることもできます。

(3) データベースソフト

データベースソフト[126] は、関係データベースの表の定義やデータ入力機能を持ち、データベースを作成できます。作成したデータベースから必要なデータだけを簡単に抽出できる機能も持っています。また、個別アプリケーションソフトウェアの作成機能も有し、データベースと関連した個別画面の作成や画面を操作するプログラムを作成することもできます。データベースに関しては、第11章で詳述します。

(4) プレゼンテーションソフト

プレゼンテーションソフト[127] は、プレゼンテーション用のスライドを作成するためのソフトウェアです。文字による説明のほかに、表、グラフ、図、アニメなどを使用して効果的なプレゼンテーション資料を作成することができます。

10.2.2 インターネットツール

(1) ブラウザ

ブラウザ[128] は、インターネット操作用のソフトウェアです。URL[129] を入力してインターネット上で公開された情報を閲覧したり、URL がわからないときは検索キーを用いて URL を調べたりすることができます。インターネットに関しては、第13章に詳述します。

(2) メールソフト

メールソフト[130] は、インターネット環境下でメールの作成、送受信、保管などを行います。送受信は使用者ごとに独自のアドレスを設定し、それをあて先に使用します。メールの内容は本文のメッセージに加えて文書、写真などをファイルとして添付することができます。保管するときは、OS のファイルシステムを採用し、受信、送信済み、削除済みなどのフォルダに該当するメールをファイルとして保存します。詳細は、第13章で述べます。

---

125 マイクロソフト社の「Excel」があります。
126 マイクロソフト社の「Access」があります。
127 マイクロソフト社の「Power Point」があります。
128 マイクロソフト社の「Edge」、グーグル社の「Chrome」があります。
129 URL（Uniform Resource Locator）：インターネット上のリソースの所在場所を示すアドレス。
130 マイクロソフト社の Outlook、グーグル社の Gmail などがあります。

図 10.1　メールソフト

10.2.3　オープンソースソフトウェア

・オープンソースソフトウェアは、無償でソースコードが公開され、誰でも自由
に改変、再頒布を行えるソフトウェアである。

　オープンソースソフトウェア（OSS）[131] は、無償でソースコードが公開され、誰でも自由
に改変、再頒布を行えるソフトウェアです。ソフトウェアの発展を目的としています。OS
の Linux も OSS として広く普及しています。Google の OS（Android）は、Linux がベース
になっている OSS です。

10.3　個別アプリケーションソフトウェア

・個別アプリケーションソフトウェアは、固有業務ごとにその業務の処理手順に
そって作成されたソフトウェアである。

　個別アプリケーションソフトウェアは、固有業務ごとにその業務の処理手順にそって作成
されたソフトウェアです。

10.3.1　AI 搭載ソフトウェア

　共通アプリケーションソフトウェアは、IT 企業がどんな業務処理にも利用可能なソフト
ウェアとしてユーザに提供しているものですが、個別の目的を持ったソフトウェアを提供し
ている例もあります。特に AI 機能を搭載してユーザに便宜を図っているものが広く利用さ
れています。

131　OSS（Open Source Software）

(1) AI とは

AI [132] は、人工知能とも呼ばれ、人間の知能をソフトウェアで人工的に実現させるものです。そのためには、人間の知能がどのような仕組みで形成されるかを分析する必要があります。特に、特定分野の専門知識をどのように取得し、その結果をどう判断し、最適解に結び付けるかの過程が重要になります。

(2) AI の種類

AI に関しては、以前からいろいろな試みが行われ、進化してきましたが、次の 3 つのタイプに分類できます。

(a) エキスパートシステム

特定分野の専門知識をルール化してコンピュータに入力し、その分野の過去の大量の実績データを用いて、専門家としての判断を出力します。

(b) 機械学習

エキスパートシステムが専門分野の知識をルール化して人間が入力したのに対し、**機械学習**はそれらのルールを AI 自身に見つけさせます。大量のデータをもとに、AI が自分でルールを学習するため機械学習と呼ばれています。AI が学習するときに、人間がデータの特徴をヒントとして与えるケースと与えないで AI 自身に学習させるケースがあります。

(c) ディープラーニング

ディープラーニングは、機械学習のより進化した技術として捉えることができます。大量データのルールをヒントなしに AI 自身が学習しますが、学習するときに人間の脳の仕組みを人工的に取り入れたニューラルネットワークを用いて判断します。**ニューラルネットワーク**は、人間の多数の脳神経細胞間で伝達される情報ネットワークです。このシステムを採り入れることによって、より人間に近い機能を持ち、判断をすることが可能になります。ディープラーニングは深層学習とも呼ばれています。

(3) AI を活用したソフトウェア

AI を活用したソフトウェアは、いろいろな分野で利用されています。たとえば、将棋や囲碁に関する AI ソフトは、一般の利用者がコンピュータと対戦することができますし、プロの棋士も作戦を練るのに利用することも多くなっています。囲碁ソフトが世界チャンピオンに勝ったと話題になったこともあります。また、医療分野で病名の判断、天気予報、販売予測、証券取引での有望銘柄の選択など、数えきれないくらい利用されています。

また、対話型の生成 AI ソフトも実用化され、その取扱いに対する議論が活発化していま

132　AI（Artificial Intelligence）

す（第 14 章 COLUMN 参照）。

10.3.2　個別アプリケーションソフトウェアの作成

　個別アプリケーションソフトウェアは、固有業務ごとにその業務の処理手順にそって作成されます[133]。処理手順は、ハードウェアの基本的機能を組み合わせて作成します。処理手順をプログラムとして作成するためには、処理手順を記述できるプログラミング言語[134]を用いて作成します。

　プログラミング言語で書かれたプログラムは、コンピュータで実行できる形にした後、補助記憶装置に保存しておきます。そして、必要に応じて、それらを実行することにより、コンピュータは、その都度異なるタイプのデータ処理を行えるようになります。

10.3.3　業務処理手順（アルゴリズム）の作成

> ・業務処理手順は、業務ごとに異なる。
> ・処理手順は、流れ図などでわかりやすく、正確に記述し、それをもとにプログラムを作成する。

　プログラムは、実際の業務機能の処理手順をコンピュータに指示するためのものです。処理手順は、業務ごとに異なるため、プログラムを作成する前に、流れ図などを使用してわかりやすく、正確に記述する必要があります。それをもとに、プログラミング言語で実際のプログラムを作成します。

　処理手順は**アルゴリズム**とも呼ばれています。アルゴリズムは、一般に、流れ図で記述します。アルゴリズムを流れ図で表現したものをフローチャートと呼んでいます。

(1) 流れ図

　流れ図は、記号と線を使用して、処理手順をわかりやすく図式化して表現します。使用する記号や線は、JIS で標準的なものが定められています。

　表 10.1 は JIS で定められた流れ図の記号を示しています。

133　たとえば、販売業務用のプログラム、銀行業務用のプログラムなどが、それぞれの処理手順で作成されます。
134　プログラミング言語は、業務の処理内容に応じていろいろなものが用意されています。

表 10.1　流れ図記号

記号	名称	用途
⬭	端子	流れ図の開始、終了
⟶	線	処理の流れ
▭	処理	処理の内容
▱	入出力	データの入力、出力
◇	選択	条件による選択
⬠	繰返し（開始）	繰返し処理の始まり
⬡	繰返し（終了）	繰返し処理の終り

受注処理業務の処理手順の一部を流れ図で記述した例を図 10.2 に示します。

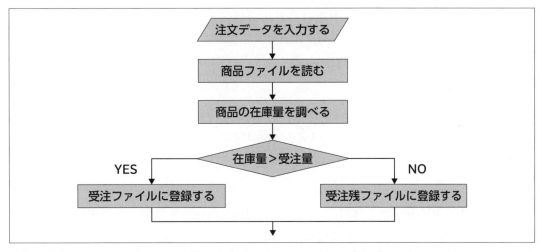

図 10.2　受注処理業務（一部）の流れ図 [135]

(2) アルゴリズムの基本構造

業務処理のアルゴリズムを流れ図で作成する場合、基本的には、順次構造、選択構造、繰返し構造の組合せで表現します。それによって、複雑なアルゴリズムでもわかりやすく表現できます。

図 10.3 は 3 つの基本構造を示しています。

135　図 10.3 は、「注文データを入力する」、「商品ファイルを読み取る」、「商品番号を照合し、在庫量を調べる」、「在庫があれば注文データを受注ファイルに登録する」、「在庫がなければ受注残ファイルに登録する」といった手順を記述しています。

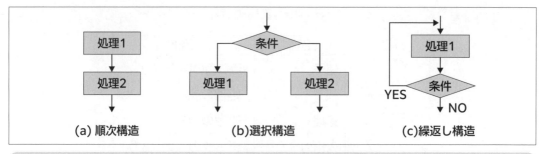

図 10.3　アルゴリズムの基本構造

(a)　**順次構造**は個々の処理を順番に実行していくことを示しています。

(b)　**選択構造**は条件テストの結果によって処理する内容が異なることを表現しています。

(c)　**繰返し構造**は条件を満たしている間は同じ処理を繰返し実行し、その処理の繰返しによって条件が満たされなくなったとき、繰返しを終了し、次の異なる処理を実行します。

(3) 多くの業務処理で共通に使用されるアルゴリズム

　個々の業務は、全体としては異なるアルゴリズムになりますが、部分的には多くの処理で共通に使用されるアルゴリズムがあります。

(a) 探索（サーチ）

　探索は、多くのデータ（レコード）の中から特定のデータを見つけるアルゴリズムです。図 10.4 はその例です。理解を容易にするために実際のものより簡単にしてあります。この例では、受注レコード[136]を保存した受注ファイルの一部を示しています。いま、顧客番号 5 の受注番号を調べたいときに、受注レコードの最初のレコードから 1 つずつ順番に調べていき、顧客番号 5 のレコードを見つけます。このように、必要なレコードが見つかるまで最初から順番に 1 つずつ調べていく探索法を線形探索といいます。

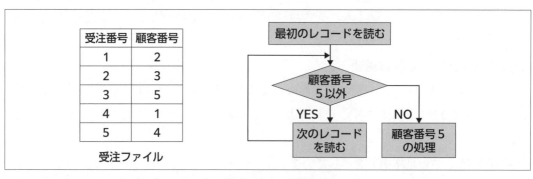

図 10.4　探索のアルゴリズム

136　レコード、ファイルについては第 11 章で詳述します。

(b) 併合（マージ）

　同種の2つのファイルに存在するレコードを1つのファイルにまとめる処理を併合といいます。

図10.5　品目ファイルの併合

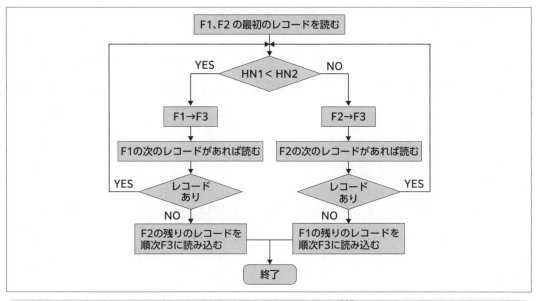

図10.6　併合のアルゴリズム[137]

　図10.5は、品目ファイル1、2を品目ファイル3に併合した結果を示しています。図10.6は、品目ファイル3を作成するためのアルゴリズムです。

137　F1: ファイル1、F2: ファイル2、F3: ファイル3、HN1: ファイル1 品目番号、HN2：ファイル2 品目番号。

(c) 合計

ある数値項目の**合計**を求めるアルゴリズムも探索や併合とともによく使用されます。

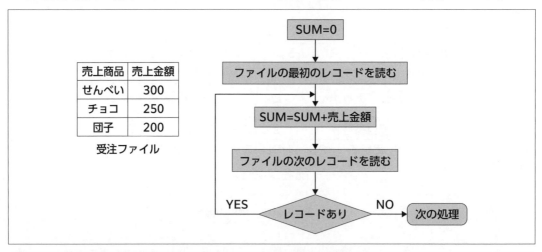

図 10.7 合計のアルゴリズムリズム [138]

図 10.7 は合計を求めるときのアルゴリズムです。この例では、理解を容易にするため 3 つの数値の合計を計算していますが、数値が多くなっても基本的にはこのアルゴリズムを適用できます。

10.3.4 プログラミング

業務ごとの処理手順が作成できれば、それをもとにプログラミング言語を用いて実際にプログラムを作成する作業を行います。プログラミング言語にはいろいろなものが存在しますが、それぞれ固有の命令があり、それらを用いて処理手順にそったプログラムを作成していきます。

たとえば、C というプログラム言語では、アルゴリズムの 3 つの基本構造を次のように表現します。

---

138 SUM は売上金額合計を保存する変数です。プログラムを作成するときは、合計のように実行の途中で値が変わるデータを変数として扱います。

```
sum=0;              if(x<y)          i=0;
sum+=a;             a=b;             while(i<5)
sum+=b;             else             {
mean=sum/2          a=c;                 sum+=data[i];
                                         i++;
                                     }
```

(a) 順次処理 [139]　(b) 選択処理 [140]　(c) 繰返し処理 [141]

10.3.5　プログラミング言語

　プログラムで処理する業務は、いろいろなものがあります。たとえば、受注処理のようなビジネス業務もあれば、建築の構造計算を行うような技術系業務もあります。**プログラミング言語**は、これら多様な業務内容に応じていろいろなものが用意されています。主要なプログラミング言語を表 10.2 に示します。HTML や Python などのインターネット関連の言語は第 13 章で取り上げます。

表 10.2　プログラミング言語

種類			特徴
高水準	手続型	COBOL	ビジネス業務向き。英語に近い。
		PL/I	万能言語。ビジネス業務、科学技術計算OK。
		FORTRAN	科学技術計算向き。数式に近い形で書ける。
		BASIC	初心者向き
		C	細かな操作指示ができる。
		C++	Cにオブジェクト機能を追加。
		JAVA	オブジェクト指向型言語。OSやハードウェアに依存しない。
		HTML	Webページ作成言語。文章や画像の表示、他ページへのリンクが可能。
		Python	Web開発向け言語。命令が簡単で理解しやすく、ライブラリを豊富に持つ。
	非手続型	SQL	データベース操作言語。必要なデータを指示するだけ。
		RPG	ビジネス業務向き。
低水準		アセンブラ	機械語と1対1でプログラミング可能。実行速度が速い。

139　上から順番に実行します。変数 SUM に a と b を加算した合計を求め、その平均値を mean に入力しています。
140　if、else は、選択構造を示す慣用語です。If で条件を示し、YES の時は if の次の命令、NO の時は else の命令を実行します。
141　while は繰返し構造を示す慣用語です。() 内で繰返し条件を指示します。{} 内の命令を繰り返し実行します。data（i）は配列 data の i 番目のデータ、i は繰り返すごとに 1 ずつ大きくなります。配列を使うと同種のデータが複数個あるとき、1 つの名前で処理できるようになります。個別のデータは添字で指定します。

(1) 高水準言語

プログラミング言語には、より人間に近い言葉で指示できるものがあります[142]。このような言語を**高水準言語**と呼んでいます。高水準言語は、さらに手続き型言語と非手続き型言語に分けることができます。

(a) 手続き型言語

手続き型言語は、処理手順をそのままプログラミング言語の1つ1つの命令で指示していくタイプの言語です。コンピュータはその指示手順にしたがって稼動します。代表的なものとして、COBOL や FORTRAN、C、BASIC といった言語があります。

(b) 非手続き型言語

非手続き型言語は、処理の手順（HOW）ではなく、何をしたいか（WHAT）を指示するタイプの言語です。使用者が指示した内容をコンピュータ側で分析して、具体的な処理手順を作成します。その分、使用者はプログラムの作成が楽になります。代表的なものとして、SQL や RPG があります。下記の例は、SQL でデータベースから必要なデータを抽出するプログラムです[143]。

```
SELECT 顧客名 , 住所 , 電話番号
FROM 顧客表
WHERE 住所 = 東京都＊
```

(2) 低水準言語

機械語に近い形で指示するプログラミング言語を**低水準言語**と呼んでいます。低水準言語は、コンピュータが実際に実行する1つ1つの機械語を、わかりやすい記号に置き換えた言語です。原則として、機械語の命令と低水準言語の命令は1対1で対応します。低水準言語によるプログラム作成は、高水準言語に比べて、時間がかかります。しかし、コンピュータでそのプログラムを実行するときは、実行速度は速くなります。代表的なものとしてアセンブラ言語があります。

10.3.6　プログラム実行までの流れ

プログラミング言語で記述されたプログラムは、そのまますぐコンピュータで実行でき

---

142 どんな処理内容でも、その手順の指示を人間が行う限り、人間の言葉に近い形で行えれば、わかりやすく便利です。そのため、プログラミング言語は、一部のものを除いて、できるだけ人間に近い言葉で処理手順を指示できるようになっています。

143 データベースの顧客表にある複数の顧客レコードから住所が東京都のレコードの顧客名、住所、電話番号を抽出することを指示しています。必要なデータの指示だけでよく、それらのデータを探し出す処理手順は指示しなくてもよいので、大変作成しやすい言語です。

るわけではありません。プログラミング言語の1つ1つの命令は、人間には理解できても、そのままでは、コンピュータには理解できません。人間が書いたプログラムをコンピュータに理解させるためには、プログラムの命令を機械語に変換する必要があります。そのための作業は、次のような手順で行います。

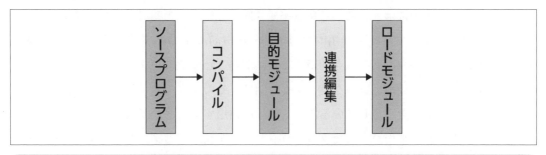

図 10.8　プログラムの実行までの流れ

(1) ソースプログラム

　人間が、業務の処理手順にそってプログラミング言語で書いたプログラムをソースプログラムといいます。書かれた命令群をソースコードといいます。先述の C や SQL の例がソースコードです。

　ソースプログラムは、そのままの形では、コンピュータで実行することはできません。コンピュータは機械語しか理解できず、日常言語に近い形式で書かれたソースプログラムをそのままでは理解できません。ソースプログラムは、あくまでも人間の立場に立ったものであり、それをコンピュータに理解させるには、機械語に翻訳する作業が必要になります。

(2) 言語翻訳プログラム

　ソースプログラムを機械語に翻訳するソフトウェアを**言語翻訳プログラム**といいます。言語翻訳プログラムは、通常、OS に含まれます。ソースプログラムは、業務内容に応じていろいろなプログラミング言語で書かれています。したがって、言語翻訳プログラムもプログラミング言語ごとに用意されます[144]。

　言語翻訳プログラムはコンパイラと呼ぶこともあります。言語翻訳プログラムによって、人間が機械語でなく、日常言語に近いプログラミング言語でプログラミングが可能になります。

(3) 目的モジュール

　言語翻訳プログラムを使って、ソースプログラムを機械語に翻訳する作業を**コンパイル**

144　言語翻訳プログラムは、翻訳だけでなく、ソースプログラムの中に含まれる文法上の誤りや、構文上の不一致などのエラーもチェックし、指摘してくれます。

といいます[145]。言語翻訳プログラムが翻訳した機械語のプログラムを**目的モジュール（オブジェクトモジュール）**といいます。

目的モジュールは機械語になっていますが、そのままコンピュータで実行できるわけではありません。それには理由があります。

業務の処理手順の中には、いろいろな業務で共通して使用できる汎用的な処理が含まれていることがよくあります。その汎用的な処理部分を事前に 1 つのプログラムとして作成しておき、必要に応じて何度もそれを利用すると、業務ごとにそれをプログラムする手間が省けることになります。通常、プログラミング言語は、そのようなあらかじめ作成されたプログラムを呼び出す命令を用意しているため、簡単に利用することができます。

その場合、あらかじめ用意されたプログラムとそれを利用するプログラムを実行前に連携させる必要が出てきます。連携させた後は 1 つのプログラムとして実行できるようになります。あらかじめ用意されたプログラムとそれを利用するプログラムのそれぞれの目的モジュールは連携前のプログラムであり、そのまま実行させるわけにはいかないのです。

(4) 連係編集プログラム

個々にコンパイルされた複数の目的モジュールを結合し、1 つのプログラムとして実行できるようにする必要があります。この作業を連係編集といいます。連係編集を行うプログラムを**連係編集プログラム（リンケージエディタ）**といいます（図 10.9）。

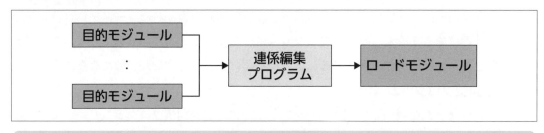

図 10.9　連係編集

連係編集プログラムは、通常、OS の中にあらかじめ用意されています。連係編集プログラムが作り出したプログラムを**ロードモジュール**と呼びます。ロードモジュールがコンピュータで実行可能なプログラムです。

145　高水準言語で書かれたソースプログラムはコンパイルされると、通常、1 つの命令が複数の機械語に翻訳されます。機械語に比較的近いアセンブラ言語で書かれたソースプログラムは、原則として、1 つの命令が 1 つの機械語に翻訳されます。これはアセンブラ言語の命令が 1 つ 1 つの機械語を単に記号化したものにすぎないからです。このような場合は、コンパイルとはいわず、アッセンブルといいます。

COLUMN

ソフトウェアエンジニアリング

　企業がコンピュータに注目し、業務処理に利用し始めたのは 1960 年代半ばの頃です。当時のコンピュータは、パソコンなどはなく、大型の汎用コンピュータだけでした。ただ。大型と言っても当時のコンピュータの主記憶装置はフェライトコアを使用していたため、記憶容量はわずか KB（キロバイト）単位でした。少ないメモリを最大限に利用して大きな業務を処理するために、当然のことながら、できるだけ命令数を少なくするために、プログラムのアルゴリズムは迷路のように複雑になってしまいました。そのため時間が経てば、作成者自身さえ解読不可能になり、プログラミングはアートであるともいわれました。

　しかし、1970 年代になり、このような状態では大型の情報システムの開発は不可能という危機意識が生まれ、ソフトウェアの作成をアートのレベルからエンジニアリングのレベルに引き上げなければという機運が高まり、ソフトウェアエンジニアリングの研究が世界的に行われるようになりました。アルゴリズムを順次、選択、繰返しの 3 つの基本構造で作成すれば、アルゴリズムを上から下へと順次に解読できるという構造化プログラミングの理論を提唱したオランダのアイントホーヘン大学のダイキストラ教授が注目されたのもこの頃のことです。しかし、構造化プログラミングは、GO TO 命令を使わない分、命令数が多くなるという意見もありました。ただ、幸いなことに、主メモリにフェライトコアに変わり半導体記憶素子の IC チップが使用されるようになり、主メモリの容量は飛躍的に大きくなり、命令数の大小よりも、わかりやすさが優先されるようになりました。ちなみに、最近はスマホの主メモリでも GB（ギガバイト）単位になり、1960 年代の汎用コンピュータの 100 万倍の容量を持っています。

　なお、日本で最初にソフトエンジニアリングの具体例を紹介したのは、G.J.Mayer 著『Reliable Software through Composite Design』（久保未沙・國友義久共訳『高信頼性ソフトウェア』、1976 年 近代科学社刊）だと考えております。当時 IBM の同僚であった久保未沙さん（元岡山理科大教授、故人）がアメリカ出張で入手された原本の翻訳を筆者もお手伝いさせてもらいました。

この章のまとめ

1 アプリケーションソフトウェアには、共通ソフトウエアと個別ソフトウェアがある。

2 共通ソフトウエアはいろいろな業務で共通に使用できるソフトウェアで、開発ツールとオープンソースソフトウェアに分けられる。

3 開発ツールには、ワープロ、表計算、データベース、プレゼンテーションソフトやブラウザ、メールソフトなどがある。

4 オープンソースソフトウェアは無償でソースコードが公開され、自由に改変、再頒布ができる。

5 個別ソフトウェアは、特定の業務を行わせるために作成したプログラムのことである。AI を搭載した既存のものと自分で作成するものがある。

6 個別ソフトウェアは、業務の処理手順にそって作成する。処理手順は、流れ図などでわかりやすく、正確に記述する必要がある。

7 個別ソフトウェアはプログラミング言語によって作成する。

8 プログラミング言語には、いろいろなものがある。
高水準言語：日常言語に近い
手続き型言語：処理手順（HOW）を指示→ C、JAVA
非手続き型言語：必要な出力（WHAT）を指示→ SQL
低水準言語：機械語に近い→アセンブラ

9 人間が書いたプログラム（ソースプログラム）はコンピュータで実行できるプログラム（ロードモジュール）に変換する必要がある。

10 ソースプログラムをロードモジュールに変換するには、次の手順で行う。
ソースプログラム→コンパイル→目的モジュール→連係編集→
ロードモジュール

|練|習|問|題|

問題1　アプリケーションソフトウェアには共通アプリケーションソフトウェア
　　　　と個別アプリケーションソフトウェアがあります。それぞれについて
　　　　簡単に説明しなさい。

問題2　次の文の（　　　）内に適切な用語を入れなさい。

（1）　共通アプリケーションソフトウェアは、（　a　）と（　b　）に分けら
　　　れる。

（2）　（　a　）には、文書を作成するための（　c　）、インターネットを操
　　　作するための（　d　）などがある。

（3）　（　b　）は、（　e　）を（　f　）で公開し、自由に改変、再頒布ができる。

問題3　アルゴリズムの3つの基本構造について、その機能を説明してください。

問題4　下記に示すプログラム実行までの作業手順で、適切なものはどれですか。

（1）　言語翻訳プログラム→ソースプログラム→連係編集プログラム→ロー
　　　ドモジュール

（2）　ソースプログラム→連係編集プログラム→目的モジュール→言語翻訳
　　　プログラム

（3）　連係編集プログラム→ソースプログラム→言語翻訳プログラム→目的
　　　モジュール

（4）　ソースプログラム→言語翻訳プログラム→連係編集プログラム→ロー
　　　ドモジュール

（5）　ロードモジュール→目的モジュール→連携編集プログラム→ソースプ
　　　ログラム

問題5　プログラミング言語について次の問に答えなさい。

（1）　高水準言語と低水準言語の違いについて簡単に説明してください。

（2）　手続き型言語と非手続き型言語の違いについて簡単に説明してくださ
　　　い。

第 **11** 章

データベースについて考えよう

教師：コンピュータはハードウェアとソフトウェアでデータ処理
を行うことは理解できただろう？

学生：細かいことは別として、ソフトウェアの指示にしたがって
ハードウェアが実行していくことはわかりました。

教師：ただ、ハードウェアとソフトウェアがあればすべてのデータ処理が効
率的にできるわけではないんだ。データ処理はデータを扱うわけだか
ら、データ環境が整っていないといけない。

学生：それはそうですね。

教師：今回は、データの側面からデータ処理を考えてみよう。特に、ファイ
ルやデータベースについて詳しく見てみることにしよう。

この章で学ぶこと

1　データベースの必要性について理解する。

2　データベースとは何かを理解し、データベースを構成するファイルの構
造について学ぶ。

3　関係データベースが表形式であることを理解し、表の構造や操作につい
て学習する。

4　データベース管理システムの機能について理解する。

11.1 データベースの必要性

・データには、トランザクションデータとマスタデータがある。
・これらのデータを保存するためにデータベースが必要になる。

　データには、仕事の過程でその時々に発生するデータ（**トランザクションデータ**）と、事前に用意されていて必要に応じて利用されるデータ（**マスタデータ**）があります。

　たとえば、コンビニでは、顧客が購入した商品データをバーコードリーダや POS 端末によってバーコードや QR コードで読み取ります。これらの売り上げデータは、仕事のその時々に発生するトランザクションデータです。バーコードや QR コードには、メーカや商品のデータがコードとして含まれています。コンピュータでデータ処理する場合は、バーコードや QR コードで読み取ったデータだけでは不十分で、読み取ったデータに関連するデータが必要になります。たとえば、商品コードを読み取った場合は、その商品のメーカ名や商品名、価格などのデータが必要になります。これらのデータは、事前にわかっている（マスタデータ）ため、通常、コードと名前などを対応させた形で、データベースとして保存し、必要に応じて参照することになります。

　このように、データには大別して 2 種類ありますが、ともにデータ処理に必要なものとして、データベースに保存しておきます。データベースのデータは、必要に応じて、参照されたり、更新されたりします。データベースは、コンピュータによるデータ処理には欠かせないものです。

11.2 データベースの概念

11.2.1 ER 分析

　企業がある業務を遂行する場合、管理しなければならない対象物がいろいろ存在します。たとえば、販売業務における「顧客」や「商品」、人事業務における「社員」や「部門」は管理の対象になる対象物です。これらの管理対象物を**エンティティ**と呼んでいます。

　エンティティは、通常、業務内に複数個存在し、互いに関連性を持っているものが存在します。たとえば、販売業務でどの顧客がどの商品を購入したかで、「顧客」エンティティと「商品」エンティティは関連性が発生します。ある業務のデータベースを構築するときは、まず、その業務でどのようなエンティティが存在し、それぞれのエンティティ間に業務上どのよう

な関連性が発生するのかを分析する必要があります。この作業を**ER分析**[146]と呼んでいます。

分析結果は、**ER図**で表現します。図11.1は、ER図の例です。

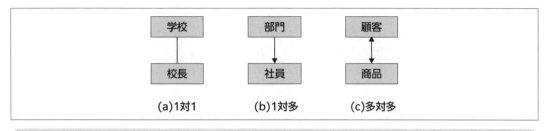

図 11.1 ER図

エンティティの関連性は、1対1、1対多、多対多の3種類で表現されます。図11.1の例で、(a) は1つの学校には1人の校長、1人の校長は1つの学校に所属していることを示しています。(b) は、1つの部門に複数の社員、社員は1つの部門に属していることを示しています。(c) は、1人の顧客は複数の商品を購入し、1つの商品は複数の顧客が購入することを表しています。

11.2.2　データとは

エンティティを具体的に説明するものとして、データが発生します。「顧客」を具体的に説明するために、顧客名や住所、電話番号などのデータ項目が考えられます。通常、1つのエンティティを説明するために、複数のデータ項目が存在します。

・データ項目は 1 つの項目名と複数の値をもつ。

1つの**データ項目**は項目名とデータ値を持ちます。**項目名**は1つのデータ項目に固有の1つの名前が付けられます。しかし、**データ値**は複数個発生します。図11.2は顧客に関するデータです。「顧客名」、「住所」、「電話番号」はデータ項目名であり、"青木商事"、"石田電気"などは顧客名のデータ値です。

管理対象物（エンティティ）：	顧客		
データ項目名：	顧客名	住所	電話番号
データ値：	青木商事	東京都中央区	03-123-4567
	石田電気	大阪市北区	06-987-6543
	:	:	:

図 11.2　データ項目は項目名と値をもつ

146　ER（Entity Relationship）

11.2.3　データベースとは

> ・エンティティごとに 1 つのファイルが作成される。
> ・データベースは、一般に、複数のファイルで構成される。

　データベースのデータは、エンティティ単位で保存されます。エンティティを説明するためのデータは、**データ正規化**という手法を用いて決定することができます。データ正規化によって決定された 1 つのエンティティに対するデータを集めたものが**ファイル**です[147]。

　1 つの業務には、通常複数のエンティティが存在するため、ファイルも複数個になります。これらのファイルを集めて、全体として管理するのがデータベースです。販売管理業務でのデータベースの例を図 11.3 に示します。この例では、エンティティとして、「顧客」、「商品」、「売上」を取り上げ、それぞれに対しファイルを作成しています。これらのファイルを集めて全体として管理するのがこの業務のデータベースです。

顧客ファイル			商品ファイル			売上ファイル		
顧客番号	顧客名		商品番号	商品名	単位	顧客番号	商品番号	数量
K01	青島電気		S1	テレビ	5000	K01	S1	3
K02	石山商事		S2	コンポ	6000	K01	S2	1
			S3	PC	9000	K02	S1	2

図 11.3　販売管理業務のデータベースの例

11.2.4　ファイルの構成

> ・ファイルの基本構成要素はデータ項目とレコードである。
> ・ファイルは、通常複数のレコードをもつ。
> ・レコードは、通常複数のデータ項目をもつ。
> ・ファイル内の特定のレコードを識別するために、レコード内に主キー（データ項目）を設定する。

147　エンティティごとにファイルを作成することによって、データの無駄な重複や矛盾を排除することができます。

　ファイルは、あるエンティティに関するデータを集めたものです[148]。たとえば、図11.3の商品ファイルは、販売管理業務での主要なエンティティの1つである「商品」に対するものです。

　ファイルの基本構成要素は、データ項目とレコードです。それぞれの**データ項目**は、エンティティの個々のもの（**インスタンス**）[149] を区別するために、いろいろなデータ値を取ります。たとえば、データ項目「商品名」は、"テレビ"、"コンポ"といったデータ値を取ります。

　レコードは、エンティティの特定のインスタンスに対するデータ項目のデータ値を集めたものです。商品ファイルでは、個々の商品に関するデータ項目のデータ値の集まりが商品レコードになります。レコードを構成する個々のデータ項目を**フィールド**とも呼びます。レコードは1つのファイルに複数個含まれます。商品ファイルでは、商品の種類だけのレコードが存在することになります。

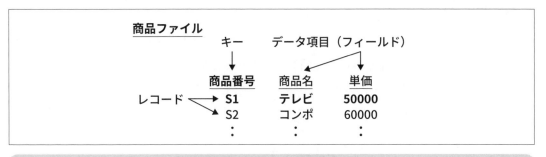

図 11.4　ファイルの構成

　ファイルのデータを参照するとき、ファイルに存在する多くのレコード中の特定レコードだけを必要とする場合があります。たとえば、商品ファイルから商品番号 "S1" の商品名と単価を知りたいといった場合です。このようなときは、多くのレコードの中から商品番号のデータ値が "S1" であるレコードを見つけ出す必要があります。

　そのために、レコードを構成するデータ項目の中に、レコードごとに異なるデータ値をもつものを設定します。そうしておけば、そのデータ項目の固有のデータ値を指定することにより、その値を持った特定のレコードを見つけることが可能になります。レコードごとに固有の値をもつデータ項目を**主キー**といいます[150]。

148　図11.3では、データ項目として「商品番号」、「商品名」、「単価」が取り上げられています。これらのデータ項目の全商品に対するデータ値を集めたものが商品ファイルになります。

149　たとえば、データ値 "S1"（商品番号）、"テレビ"（商品名）、"50000"（単価）を集めたものは、テレビという商品に関するレコードになります。これはエンティティの1つの実現値であり、**インスタンス**ということもあります。

150　図11.4の例では、「商品番号」が商品ごとに固有のデータ値を持っています。そのため、「商品番号」が主キーになります。主キーはレコードごとに異なる値をもつことが条件です。

11.3　関係データベース

11.3.1　関係データベースとは

・関係データベースは、ファイルを表で表現するデータベースである。

　関係データベースは、データベースをコンピュータで処理するときの 1 つのデータベースモデルです。パソコンでデータベースを処理するときは、通常、関係データベースを使用します。関係データベースでは、ファイルに含まれるデータを表(テーブル)形式で蓄えます。

11.3.2　表 (テーブル)

　表は、列と行からなり、ファイルのフィールド（データ項目）が列に、レコードが行に対応します [151]。1 つ以上の表の集合が関係データベースです。

　図 11.5 は、先の商品ファイルを表形式で表現したものです。

図 11.5　商品ファイルの表

表は、表計算ソフトでも見られるように、データを扱うときの基本形であり、大変わかりやすい形です。

11.3.3　表間の関連性の設定

　業務で使用する情報は、データベースの複数の表に分散しているデータを必要とすることがあります。このような事態に対応できるように、あらかじめ表間に関連性を設定しておかなければなりません。

　関係データベースでは、表間の関連性は、関連性を付けたい表同士で同じデータ項目を持

151　行を**組（タプル）**、列を**属性（アトリビュート）**、表全体の仕様を**スキーマ**と呼ぶこともあります。

つことで実現します。異なる表間で、このデータ項目が同じ値を持ったものを関連レコードとして扱います。そして、これらの関連性をたどることで、必要な情報を抽出します。

商品番号	商品名	単価
S1	テレビ	50000
S2	コンポ	60000
S3	PC	90000

（商品表）

顧客番号	商品番号	数量
K01	S1	3
K01	S2	1
K02	S1	2

（売上表）

図 11.6　表の関連付け

　図 11.6 は、商品ファイルと売上ファイルを表形式で作成し、その関連性を両方の表に「商品番号」を持たせることで関連付けた例です [152]。この関連付けによって、売上表にある「商品番号」をもとに、その商品の「商品名」と「単価」を商品表から得て、「商品名」と「単価」を加えた新たな売上表を作成することができます。

11.3.4　データの正規化

(1) データ正規化の必要性

　ある業務の処理で関係データベースを使用するときは、データベースの設計の段階で、どのような表を作成し、表ごとにどのようなデータ項目を待たせるかを決める必要があります。その場合、複数の表間でどのような関連性を持たせるかも考慮しておく必要があります。それらを作成するポイントは、その業務で必要とするいろいろな出力情報に柔軟に対処できるようにすることです。それを可能にするためには、前述の ER 分析とデータの正規化が必要です。

　ER 分析の目的は、業務の複数の管理主体（エンティティ）を決定し、それらを説明するデータ項目と関連性を定義することで、その業務のデータモデルの骨格を作成することです。その場合、エンティティごとにその作業を行うと、異なるエンティティで同じデータを必要もないのに重複してもつなど冗長になる可能性があります。逆に、業務に必要な情報を得るための関連性が抜けてしまうといったことも発生します。このような状況を避けるために、デー

152　商品表はエンティティ「商品」に関する表であり、商品番号は個々の商品を特定するための主キーです。それに対し売上表の商品番号は商品表との関連付けのため使用されています。このような関連付けのために使用されているデータ項目は外部キーと呼んでいます。

タ正規化でデータモデル精錬させる必要があります。

(2) データ正規化の例

ER 分析で作成したデータモデルは、異なるエンティティ間で無駄なデータ重複の可能性があるため、非正規形データモデルと呼ばれています。

データの正規化は、非正規形データモデルから無駄なデータ重複を排除し、エンティティ間の関連性に漏れがないようにした正規形データモデルを作成します。

データの正規化は、業務に必要な出力情報をもとに行います。出力情報は、一般的に、複数のエンティティのデータ属性を含んでいます。それを個々のエンティティとそれに属するデータに分解し、さらに、エンティティ間の関連性を明確にし、データモデルを作成します。その作業を基本的には 3 つの過程を経て完成させます。それぞれの過程を 1 次正規化、2 次正規化、3 次正規化と呼んでいます。

表 11.1 は、学生履修業務における出力情報の一例です。正規化される前の状態であり、非正規形[153] です。

表 11.1　学生履修表

学籍番号	学生名	クラス番号	クラス名	担任教師	科目コード	科目名	成績
G1	青木	C1	さくら	三浦	K1 K2	国語 英語	80 70
G2	石川	C1	さくら	三浦	K1 K3	国語 数学	85 65
G3	尾崎	C2	もみじ	村上	K2 K3	英語 数学	90 80

(a) 1 次正規化

表 11.1 は、学生ごとの履修状況を表していますので、基本的な管理主体（エンティティ）は「学生」です。**1 次正規化**は、個々の学生に対し一意的に値が決まるデータ項目と複数の値が存在するデータ項目を分離します。結果は次のようになります[154]。これらを **1 次正規形**といいます。

　　学　　生：　学籍番号 + 学生名 + クラス番号 + クラス名 + 担任教師

　　科目成績：　学籍番号 + 科目番号 + 科目名 + 成績

153　非正規形には同じデータ値が重複して存在しています。表 11.1 では、「さくら」、「三浦」、「国語」「英語」などが複数個含まれています。

154　下線のついたデータ項目は主キーです。科目成績では、学籍番号と科目番号が主キーになっていますが、これは学生と科目を関連付けるために必要になります。このようなキーを**連結キー**といいます。

(b) 2次正規化

2次正規化は、1次正規形で連結キーを持ったデータグループに対し行います。キー項目が複数個あるということは、そのグループにまだ他のエンティティに属するデータ属性が含まれていることを示唆しています。そして、それらのデータは、同じ値が重複して現れます。この例では、「科目成績」グループの科目番号と科目名です[155]。これらを別のエンティティとして分離します。結果は次のようになります。これらを**2次正規形**といいます。

  学 生： <u>学籍番号</u> + 学生名 + クラス番号 + クラス名 + 担任教師

  科目成績： <u>学籍番号</u> + <u>科目番号</u> + 成績

  科 目： <u>科目番号</u> + 科目名

(c) 3次正規化

3次正規化は、2次正規形の個々のグループに属するデータ項目の中に主キーになり得るものがあれば、そのデータ項目に対し一意的に値が決まる項目を別のグループに分離します。この例では、クラス番号が主キーになり、それに対してクラス名、担任教師の値が一意的に従属します。結果は次のようになります。これらを**3次正規形**といいます。

  学 生： <u>学籍番号</u> + 学生名 + クラス番号

  科目成績： <u>学籍番号</u> + <u>科目番号</u> + 成績

  科 目： <u>科目番号</u> + 科目名

  ク ラ ス： <u>クラス番号</u> + クラス名 + 担任教師

図 11.7 は、3次正規形をもとにしたデータモデル（ER 図）です。

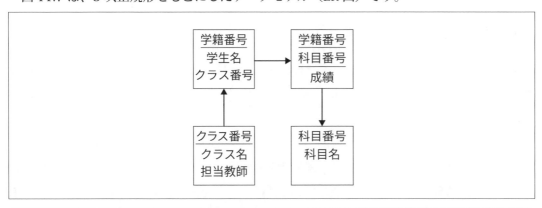

図 11.7 履修表（ER 図）

---

155 科目番号と科目名は同じ科目を履修した学生の数だけ重複して含まれます。

学生表

学籍番号	学生名	クラス番号
G1	青木	C1
G2	石川	C1
G3	尾崎	C2

履修表

学籍番号	科目番号	成績
G1	K1	80
G1	K2	70
G2	K1	85
G2	K3	65
G3	K2	90
G3	K3	80

クラス表

クラス番号	クラス名	担任教師
C1	さくら	三浦
C2	もみじ	村上

科目表

科目番号	科目名
K1	国語
K2	英語
K3	数学

図 11.8　履修表の関係データベース

　図 11.8 はデータの正規化によって作成された関係データベースです。表間の関連性を保つための外部キーを除いて、非正規形で見られた無駄のデータの重複はありません、重複データは、修正が必要になったときなど手間がかかりますし、修正漏れが発生し、データベースの信頼性を損ねる可能性もあります。データベースでは、同じデータは 1 か所にだけあるのが原則です。

11.3.5　表データの操作

　関係データベースでは、表のデータを操作するときは、集合操作が基本になります。**集合操作**とは、データを操作するときに、表のデータ全体を 1 つの集合として捉え、表単位で操作することです。

　集合操作の代表的な例として、射影、選択、結合などの操作があります。**射影**は表の必要な列データだけを抽出する操作です。**選択**は条件に見合った行データ（レコード）を抽出します。また、**結合**は複数の表に分散している関連データを抽出します。図 11.9 は、図 11.6 の表に対する射影、選択、結合操作の 1 つの例を示しています。

商品番号	商品名
S1	テレビ
S2	コンポ
S3	PC

(a) 射影

商品番号	商品名	単価
S1	テレビ	50000
S2	コンポ	60000

(b) 選択

顧客番号	商品番号	商品名	単価	数量
K01	S1	テレビ	50000	3
K01	S2	コンポ	60000	1
K02	S1	テレビ	50000	2

(c) 結合

図11.9　集合操作 [156]

　このように、関係型データベースは、表全体のデータに対し1つの指令で処理可能なため大変扱いやすくなります。集合操作は、実際にはSQLなどのデータベース操作言語を用いて指示します。SQLはデータベース管理システムのもとで使用できます。

11.4　データベース管理システム

データベース管理システムは、データベースを操作する基本ソフトウェアです。一般に、DBMS [157] と呼ばれています。データベースをコンピュータ上で稼動させるときに必要な作業を支援します。前節で述べた、表の定義や表データの操作を支援します。また、データベースシステムを運用するときの管理機能も提供します。利用者はデータベース管理システムを使用することによって、データベースの導入、運用が容易になります。

> ・データベース管理システムは、データベースを支援するミドルウェアである。データベースの定義や操作、トランザクション処理、リカバリ（障害回復）処理、アクセス権管理などの機能を行う。

156　図11.9で、射影は商品表の商品番号と商品名だけを抽出しています。選択は、「商品表」に対して単価が60000以下の商品データを抽出しています、結合は、売上表の商品番号をもとに、その商品の商品名と単価を商品表から抽出し、新たな売上表を作成しています。

157　DBMS（Data Base Management System）：DBMSはOSとアプリケーションプログラムを仲介するミドルウェアです。

11.4.1 トランザクション管理

データベース管理システムが提供する主な機能の 1 つとしてトランザクション[158]処理があります。

データベースは、多くの利用者によって利用されます。そのため複数の利用者が、同一データを同時にアクセスする可能性があります。そのような場合、アクセスのタイミングによってはデータベースのデータが予期しない値になってしまうことがあります。たとえば、図11.10 の例では、間違った結果がデータベースに保存されたことになります。

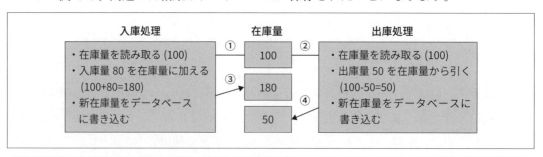

図 11.10　在庫量の同時処理[159]

このようなデータ更新の矛盾が発生しないように、DBMS は、トランザクション処理に対してデータベースの原始性、一貫性、分離性、耐久性が保たれるように管理します。

原始性とは、トランザクションが正しく処理されたか、異常が発生して全く処理されなかったかを明確にすることです。処理されなかったトランザクションは最初からやり直すことでデータの正確性が保たれます。**一貫性**は、トランザクションを処理した結果、矛盾が発生していないことを保証することです。**分離性**は複数のトランザクションが同時に実行される場合でも、トランザクション同士が他のトランザクションの影響を受けないことを保証することです。**耐久性**は、トランザクションが正しく実行されたときは、その後異常が発生しても正しい結果が保証されることです[160]。DBMS は、これらの特性を実現するために、いろいろな対策を実行します。

158　トランザクション：データベースへの 1 つの処理要求

159　図 11.10 では、商品の在庫量が当初の 100 に対し、入庫量 80 の処理と出庫量 50 の処理を同時に行っています。処理のタイミングが①～④の順で行われた場合、処理後の在庫量は 50 になります。100+80-50=130 になるのが正しいので、間違った結果がデータベースに保存されたことになります。

160　原始性（Atomicity）、一貫性（Consistency）、分離性（Isolation）、耐久性（Durability）の頭文字で **ACID 特性**と呼ばれています。

(1) 同時実行制御（排他制御）

　トランザクション管理では、図 11.10 のようなデータ更新の矛盾を防ぐために排他制御管理を行います。排他制御管理は、ロック機能を用いて行います。ロック機能には、専有ロックと共有ロックがあります。

(a) 専有ロック

　専有ロックは、複数のトランザクションの処理で、最初のトランザクションがそのデータをアクセスした段階（図 11.10 では①）で、その処理が終了するまで（③）、他の処理ではこのデータをアクセスできないようにすることです。専用ロック機能によって、データベースの分離性と一貫性を実現します。

(b) 共有ロック

　共有ロックとは、他のトランザクション処理が、データの更新や削除などではなく、参照だけのときはアクセスを許可するというロックの仕方です。DBMS は、基本的に専有ロックを使用するため、共有ロックを使用するときは、そのプログラムで指定する必要があります。共有ロックを使用すれば、専有ロックより全体の処理時間を短縮することができます。ただ、共有ロックでは、**デッドロック**が発生する可能性があります。デッドロックとは、たとえば、2 つの異なるトランザクションが、それぞれ別のデータを更新（ロックがかかる）し、その後、それらのデータを互いに別のトランザクションが参照しようとした場合、お互いにロック解除待ちになり、処理がいつまでも終わらない状態をさします。

(c) コミットメント制御

　コミットメント制御は、トランザクションが最後まで正しく処理を終了したか、途中で異常が発生したときは最初から処理を全く行わなかった状態に戻すかを制御します [161]。これによって、データベースの原始性を実現します。

11.4.2　障害回復管理

　ハードウェアやソフトウェアに障害が発生したとき、データベースの信頼性は損なわれます。その場合、障害発生前の正常な状態に回復させる必要があります。それに備えて、DBMS はデータが更新されたとき、その内容を**ログファイル**に保存しておきます [162]。データベースとログファイルは、定期的にバックアップを取り、障害が発生したとき，データベー

161　トランザクションが正しく終了したときはコミット、終了しなかったときは処理前の状態に戻すことをロールバックといいます。

162　ログファイルは、ジャーナルファイルとも呼ばれ、データベースのデータに誰が、いつ、何をしたか、更新前と更新後のデータが保存されます。

スを発生前の状態に戻すために役立てます。バックアップを取った時点まで戻す処理を**ロールフォワード**、障害発生時に処理していたトランザクションの処理開始時点の状態に戻す処理が**ロールバック**です。

11.4.3　アクセス権管理

　アクセス権とは、データベースの利用者を明確にし、その利用者にデータベースのどのデータにどのようなアクセス（参照、更新など）権限を与えるかを定義し、データベースへの不法な侵入を防ぎます。DBMS は、アクセス権を定義する機能を有しています。

この章のまとめ

1　データには、トランザクションデータとマスタデータがある。これらのデータを保存するためにデータベースが必要になる。

2　データベースは、一般に、複数のファイルで構成される。ファイルは管理対象物（エンティティ）ごとに作成される。

3　ファイルの基本構成要素はデータ項目とレコードである。ファイルは、複数のレコードをもつ。レコードは、複数のデータ項目をもつ。

4　ファイル内の特定のレコードを識別するために、レコード内に主キー（データ項目）を設定する。

5　データベースでは、ファイル間のデータの関連性を付けておく必要がある。ファイル間のデータの関連性は、ファイル間で同じデータ項目を持たせることによって行う。

6　エンティティ（ファイル）とそれに属するデータ項目の定義は、ER 分析とデータの正規化によって行う。

7　データの正規化は、1 次正規化、2 次正規化、3 次正規化の順で行い、それによって、データの無駄な重複をなくすことができる。

8　関係データベースは、ファイルを表形式で表現するデータベースである。表は列と行で構成される。列はデータ項目、行はレコードを表す。

9　関係データベースは、集合操作が可能である。代表的な集合操作として射影、選択、結合がある。SQL によって集合操作を指示できる。

10　データベース管理システムは、データベースを操作するミドルウエアであり、データベースの定義や操作、トランザクション管理や障害回復処理、アクセス権限の定義などの機能を行う。

11　トランザクション管理は、同時にアクセスされるデータの正確性を保証する。

|練|習|問|題|

問題1　データベースに関する次の記述で、正しいものには○、正しくないものには×をつけなさい。

(1)　ファイルは業務ごとに1つあればよい。

(2)　ファイルは複数のレコードを持ち得るが、1つのレコードは1つのデータ項目だけを含むようにするのが普通である。

(3)　ファイルの主キーは、異なるレコードで同じ値をもつことができる。

(4)　データベースはファイルの集まりであるが、業務上必要な情報を抽出するために、ファイル間に関連性を持たせておかなければならない。

問題2　下記の文章の空欄に適切な用語を記入しなさい。

(1)　データベースのデータは（　a　）単位に管理される。（　a　）は、業務のエンティティごとのデータを集めたものである。業務には、多くの（　b　）が存在するので、データベースは、複数の（　a　）を集めて管理することになる。

(2)　ファイルの基本構成要素は（　c　）と（　d　）である。（　c　）は、エンティティの属性として存在し、名前と（　e　）をもつ。（　d　）は、エンティティの個々のものに対する（　c　）のデータ値を集めたものである。（　d　）は、ファイルに通常複数個存在する。そのうちの特定のものを識別するために使用されるデータ項目を（　f　）という。（　f　）は（　d　）ごとにユニークな値を持たなければならない。

(3)　関係データベースは、ファイルを（　g　）形式で管理する。（　g　）は、列と行から構成される。列は、ファイルの（　h　）、行は、ファイルの（　i　）に相当する。

(4)　関係データベースでは、（　j　）が可能であり、1つの指示で、表のすべてのデータを操作対象にした処理が可能である。（　j　）を行うための言語として（　k　）がある。

（5） データベース管理システムは、データベースを管理するための（ Ｉ ）
である。

問題３　専用ロックと共有ロックについて説明しなさい。

問題４　ロールフォワードとロールバックの違いについて説明しなさい。

第 12 章

ネットワークについて理解しよう

教師：これまでは、コンピュータシステムの主要な機能のうち、デー
タ加工、データ保存に関して学んできたが、データ伝送機
能についてはまだ説明してなかったね。

学生：最初の頃、データ伝送機能を利用すると、時間と場所の制
約が解消するという話を聞きました。

教師：よく憶えていたね。データ伝送機能を利用したデータ処理の例として
何が思い浮かぶ？

学生：うーん。やっぱりインターネットかな。

教師：いまはインターネットで自宅のパソコンやスマホから世界中のコン
ピュータに自由にアクセスできるようになったね。インターネットの
基盤になっているのが通信ネットワークなのだよ。今回は、通信ネッ
トワークとは何かについて説明しよう。

この章で学ぶこと

1 通信ネットワークとは何かを知り、それを構成する接続装置の役割につ
いて理解する。

2 ネットワークのタイプとして LAN と WAN に分類できることを知り、
それぞれの特徴について理解する。

3 ネットワークでデータ処理をするときの通信規約（プロトコル）につい
て理解する。

12.1　ネットワークとは

　IT の分野で、ネットワークというと、正確には、通信ネットワークシステムのことを指しています [163]。通信ネットワークシステムによって、遠隔地で発生したデータをコンピュータシステムに即時に送り、データ処理後、結果を再び遠隔地に送るといったことが可能になります。銀行の ATM システムや電子メール、インターネットなど、最近の情報システムは、ほとんどが通信ネットワークシステムの形態をとっています。

> ・通信ネットワークシステムとは、網目状に張りめぐらされた通信回線を介して複数の入出力装置とプロセッサを接続し、情報の伝達と処理を体系的に行うシステムである。

　通信ネットワークシステムは、コンピュータ技術と通信技術の融合により実現しました。通信回線は、複数地点間で網目状に接続されるので、ネットワークと呼ばれています。通信回線は、かつての電話線のようなアナログ伝送方式に加えて、デジタル伝送方式や光回線による光通信が普及し、伝送するデータも文字データだけでなく、マルチメディアデータの伝送が可能になっています。写真や動画のようなデータ量が多い情報を短時間で伝送できる伝送速度の速い光通信が最近の主流になっています。また、各種情報資源を共有化できることで、情報処理の効率化を図り、資源のコストダウンを可能にしています。

12.2　通信ネットワークシステムの基本構成

　通信ネットワークシステムは、基本的には、データを処理する部分とデータを伝送する部分に分けられます（図 12.1）。

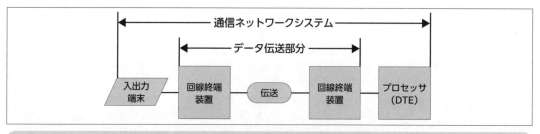

図 12.1　通信ネットワークシステムの構成

163　ネットワークは、本来、網という意味であり、通信ネットワークシステムは、通信回線が網のように張り巡らされたシステムのことを指しています。ただ、コンピュータ技術の進展を背景にした現代社会では、通信回線を張り巡らしただけでなく、コンピュータシステムと融合したシステムを意味するようになっています。

12.2.1　データ伝送

・データ伝送部分は、データを伝送するための通信回線とデータを送受信するための回線終端装置から構成される。

・通信回線は、通信の方式として、有線と無線がある。有線では光通信、無線ではWi-Fiが広く使用されている。

データ伝送部分は、入出力端末とプロセッサ間のデータ伝送を受け持ちます。データ伝送には、データを送り出す機能、データを伝送する機能、データを受け取る機能が必要になります。データの送受信機能は回線終端装置、データ伝送機能（伝送路）は通信回線が行います。伝送の方式として、有線と無線があります。

12.2.2　有線によるデータ伝送

有線によるデータ伝送は。銅を使用した電線や光ファイバを利用して行います。電線によるデータ伝送は、当初、電話用に使用されていた電話線から始まりました。電話は、音声がアナログのため、**電話線**は、アナログ回線として使用されていましたが、コンピュータで扱うデータはデジタルのため、デジタルをアナログに変換する必要があり、そのため伝送速度が遅いという難点がありました。その後、直接デジタルで送れるデジタル回線が実用化されました。さらに、伝送速度が速い光ファイバケーブルを使用した光通信が実用化され、写真や動画など伝送量が大きなデータを伝送するため、広く使用されるようになりました。

(1) アナログ回線

・アナログ回線はデータをアナログ信号で伝送する回線である。コンピュータが扱うデジタルデータはアナログに変換して送る。変換を行うために回線終端装置が必要である。

アナログ回線は、データをアナログ信号で伝送する回線です[164]。回線の両端に位置する入出力装置やコンピュータが扱うデータはデジタル信号です。そのため、アナログ回線でデジタルデータを送るときは、デジタル信号をアナログ信号に変換して送る必要があります。

164　人間の音声が時間的に連続した音波で伝わることを利用して、音波を電気的なアナログ信号に変換して送る電話線はアナログ回線です。

それを行う変換装置を**回線終端装置**（DCE）[165] と呼んでいます。アナログ回線の両端に設置する DCE は**モデム**と呼ばれ、送信側では、デジタルをアナログに変換します。これを**変調**といいます。一方、受信側ではアナログをデジタルに変換します。これを**復調**といいます。図 12.2 は、その様子を示しています。

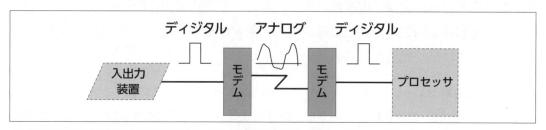

ディジタル　アナログ　ディジタル

入出力装置　モデム　モデム　プロセッサ

図 12.2　アナログ回線によるデータ伝送

　電話線を使用して、コンピュータのデータを送るときは、一般に伝送速度は遅く、伝送品質もあまりよくありません。ただ、**ADSL** [166] を使用すれば、電話線を使用してある程度の高速通信が可能です。電話線では、音声は 3.3KHz [167] 程度までの周波数帯域が使用されています。ADSL は、音声よりも高い周波数帯域を使用してデータを伝送します。**1Hz** で 1 ビット伝送できるため、高い周波数では、それだけ多くのビットを伝送できることになります。通常、1.5 ～ 20Mbps [168] 程度のデータ量を伝送することが可能です。また、音声と異なる周波数帯域を使用するため、通常の電話とデジタルデータの伝送を同時に行うことも可能です。

　しかし、NTT は、2024 年 1 月にアナログ回線を廃止すると発表しているため、今後はコンピュータネットワークシステムでは使用できなくなります。

(2) デジタル回線

・デジタル回線は、データをデジタル信号で伝送する回線である。
　アナログ回線より伝送速度が速く、伝送品質もよい。

　デジタル回線は、データをデジタル信号で伝送する回線です。したがって、コンピュータのデジタル信号を回線上でアナログ信号に変換する必要はありません。そのため、モデムも必要ありません。ただ、同じデジタル信号でも、回線で送るときは、伝送に都合のよい形にして伝送します。そのための変換（**符号化**といいます）と逆変換（**複合化**といいます）が必

165　DCE（Data Circuit-terminating Equipment）
166　ADSL（Asymmetric Digital Subscriber Line）：非対称デジタル加入者回線。
167　Hz（ヘルツ）：1 秒単位の周波数。K は 1000.。
168　Mbps（Mega bit per second）：通信回線の伝送速度は、1 秒間に伝送できるビット数（bps）で表されます。M は 100 万。

要になります。この作業を行う装置を**DSU**[169]といいます（図 12.3）。

　このように DSU は、通信回線の送受両端に設置され、回線との信号形態の違いを調整し、回線やデータ処理装置が本来の信号形態で動作できるようにします。

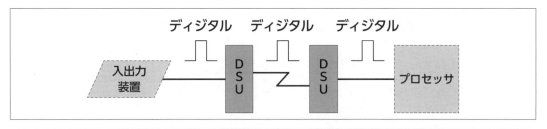

図 12.3　デジタル回線によるデータ伝送

　デジタル回線は、電話線でデータを送る場合と比較して、伝送速度は速く、伝送品質もよくなります。伝送速度が速いため、画像のようにデータ量の多いものでも、短時間で伝送することができます。

　ISDN[170]は、デジタル回線で構成したネットワークであり、文字、音声、画像などのデータをデジタル化し、1 つのデジタルネットワーク回線で送れるようにしたもの（音声、画像は本質的にはアナログデータ）です。日本では、1988 年から NTT がサービスを開始し、高速・高品質のデータ伝送が可能です。しかし、NTT は 2024 年 1 月に ADSL と共に ISDN の提供停止を発表しています。

(3) 光回線

・光回線は、光ファイバケーブルを使用して、電気的なデジタル信号を光信号に変換しで伝送する回線である。
・光回線は、伝送速度が速く、広く使用されている。

　光回線は、銅線を使用したアナログ回線やデジタル回線と異なり、光ファイバケーブルを使用したデータ伝送方式です。**光ファイバケーブル**は、石英ガラスやプラスチックからなるケーブルで光を通すことができ、光の反射や屈折を利用してデータを伝送します。光源としては半導体レーザを使用し、デジタルデータの 0、1 は光の点滅に変換して伝送します。従来のアナログ回線やデジタル回線よりデータの伝送速度が速く、ギガ bps 単位の速度を持ったものも存在します。図 12.4 はその仕組みを示しています。送信側の電気信号 0、1 は変

169　DSU（Digittal Service Unit）
170　ISDN（Integrated Services Digital Network）：サービス総合デジタル網。

換器（**ONU**）[171] で光の点滅に変換され、光ファイバケーブルで受信側に伝送されます。光は距離が長いときは減衰するため、途中増幅器で増幅されます。受信側では送られてきた光信号を ONU で電気信号に変え、データ処理装置にわたされます。

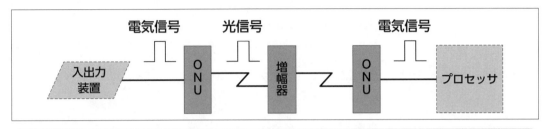

図 12.4　光回線によるデータ伝送

12.2.3　無線によるデータ伝送

　無線によるデータ伝送は、ケーブルでデータ伝送するのではなく、電波や赤外線を用いてデータ伝送を行います。コンピュータネットワークでは、主として、広域のデータ伝送は有線で、限られた区域のデータ伝送は、有線や無線で行われます。無線によるデータ伝送は、必要に応じて、中継点を介してインターネットなどの広域ネットワークに接続することができます。

　無線によるデータ伝送では、**Wi-Fi** [172] が広く使用されています。Wi-Fi を使用することで、パソコンやスマホなどネットワークに対応した機器を無線でルータを介して（詳細は後述）インターネットなどの広域ネットワークに接続することができます（図 12.5、第 13 章参照）。

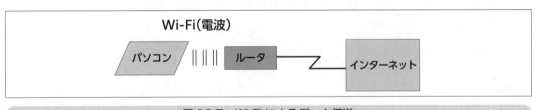

図 12.5　Wi-Fi によるデータ伝送

　Wi-Fi のデータ伝送速度は、使用する周波数帯域によって 11 Mbps 〜 6.9 Gbps までのものがあります。

171　ONU（Optical Network Unit：光回線終端装置）：電気信号を光信号に変換したり、その逆も行う装置。
172　Wi-Fi（WIreless Fidelity）：高品質な無線 LAN。データ処理装置間で高品質な接続を可能にする。

12.2.4　データ処理装置

先述のように、プロセッサや入出力装置などデジタル信号を扱う装置を総称して DTE と呼んでいます。**DTE（データ終端装置）**[173] と呼ばれる理由は、プロセッサや入出力端末装置が通信ネットワークシステムとして通信回線の両端に位置するからです。

12.3　ネットワークシステムの形態

通信ネットワークシステムは、ネットワークの接続範囲によって LAN と WAN に分類することができます。

12.3.1　LAN

(1) LAN とは

- LAN は、比較的狭い区域を対象にしたネットワークである。
- LAN には有線 LAN と無線 LAN がある。
- 有線 LAN は、データ処理装置、LAN ケーブル、ハブで構成する。
- 無線 LAN は、データ処理装置、無線 LAN カード、アクセスポイントで構成する。
- LAN は、ルータによって他の LAN やインターネットに接続できる。
- LAN を用いたクライアントサーバシステムが広く普及している。

LAN[174] は、比較的狭い区域（たとえば、1つのオフィスあるいはオフィスのワンフロアや家庭）内で、その区域にある複数のコンピュータをケーブルや電波で接続したネットワークです。オフィスや家庭内に導入された複数のパソコンをケーブルや電波で接続し、1つのネットワークシステムとして稼動させます。必要に応じて、中継装置を使用して広域ネットワークに接続することも可能です。

LAN は、ケーブルを使用した有線 LAN とケーブルを使用しないで電波で接続する無線 LAN に分けることができます。

(a) 有線 LAN

有線 LAN は、データ伝送用の回線として **LAN ケーブル**を使用します。LAN ケーブルとし

173　DTE（Data Terminal Equipment）
174　LAN（Local Area Network）：構内通信網。

ては、前述のように、光ファイバケーブルや 2 本の銅線をよったツイストペアケーブルが使用されます。

　有線 LAN は、複数のデータ処理装置（パソコンやプリンタなど）、LAN ケーブルそして**集線装置（ハブ）**で 1 つのシステムを構成します。LAN システムを構成する各装置には、**LAN ボード**が内蔵されており、ボードにはシステム内でその装置を特定化するための **MAC アドレス**[175] が設定されています。MAC アドレスを指定することで、システム内の特定の装置間でのやり取りが可能になります。データ処理装置と集線装置間を LAN ケーブルで接続するためにも LAN ボードが必要になります。

　LAN システム内では、データや資源の共有が可能になります。たとえばシステム内の複数のパソコンで一台のプリンタを共有して使用することができます（図 12.6）。

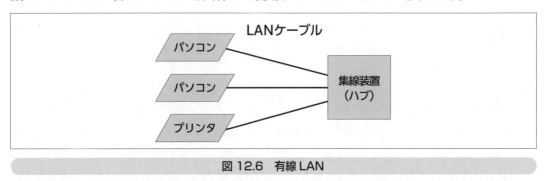

図 12.6　有線 LAN

　有線 LAN は、無線 LAN より高速で安定したデータ伝送ができます。有線 LAN のデータ伝送に関しては、国際標準規格としてのイーサネットが設定されています。

　イーサネットでは、使用するケーブルがツイストケアケーブルの場合は、10 Mbps 〜 1 Gbps、光ファイバケーブルの場合は 1 Gbps と設定しています。

　1 つの LAN は、それ自体独立したネットワークシステムとして稼働することも可能ですが、他の LAN や広域ネットワークシステム（WAN）に接続してデータのやり取りをすることもできます。その場合は、中継装置としてルータが必要になります。**ルータ**は、ネットワークとして接続された多数の装置間で、対象になっている装置間のデータ伝送路のルートを正しく設定します（図 12.7）。

　WAN と接続が必要な LAN に対しては、ハブとルータが同一装置に収められた機器も使用できます。

175　MAC（Media Access Control）：48 ビットでアドレスを構成する。

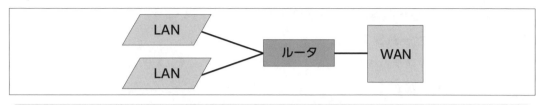

図 12.7　LAN と WAN の接続

(b) 無線 LAN

無線 LAN は、ケーブルではなく電波や赤外線を使用してデータ伝送を行う LAN です。

無線 LAN を使用するためには、通信機能を備えた**無線 LAN カード**が必要です。このカードの機能によって、無線 LAN アクセスポイントを介してネットワークに接続することができます。無線 LAN カードは、通常、パソコンなどにあらかじめ内蔵されています。

無線 LAN アクセスポイントは、無線 LAN 同士のデータのやり取りを仲介する装置です。有線 LAN のハブに相当します、

無線 LAN を WAN に接続するためには、有線 LAN の場合と同様に、ルータが必要になります。通常、アクセスポイントとルータを同一装置に収めた機器を使用します（図 12.8）。

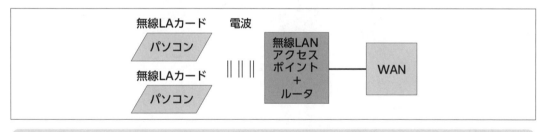

図 12.8　無線 LAN と WAN の接続

無線 LAN によるデータ伝送に関しては、国際標準規格として **IEEE802** が設定されています。使用する電波周波数帯域と伝送速度によって、幾通りかの規格があります。周波数帯域としては、2.4 GHz 帯と 5 GHz 帯が使用され、伝送速度は 2.4 GHz で 11 Mbps ～ 600 Mbps、5 GHz で 600 Mbps ～ 6.9 Gbps となっています。

高品質で、安定した伝送ができる Wi-Fi が広く使用されています。

(c) アドホックネットワーク

パソコンやスマホで無線 LAN を使用するときは、通常アクセスポイントや中継基地を介しますが、それらを利用しないで、無線を利用する端末同士が相互に直接接続してネットワークを形成する形態があります。この形態を**アドホックネットワーク**といいます。アドホックネットワークでは、複数の装置が自立分散的にルータの役割を担い、数珠繋ぎのようにして

通信を行います。**自立分散型無線ネットワーク**とも呼ばれています。

(2) クライアントサーバシステム

　LAN を使用したシステムの例として、**クライアントサーバシステム**があります。クライアントサーバシステムでは、LAN 上のコンピュータを、サービスを要求する側（クライアント）とサービスを提供する側（サーバ）に分けて、システムを運用します。サーバは、役割に応じて、業務ソフトを実行するアプリケーションサーバ、データベースを管理するデータベースサーバなどが設定されます。クライアントは必要に応じてこれらのサーバにサービスを要求することができます[176]。クライアントが多い場合は、ハブにクライアントからの接続ケーブルを集め、LAN の幹線にはハブを介して接続する方式が採用されます（図 12.9）。

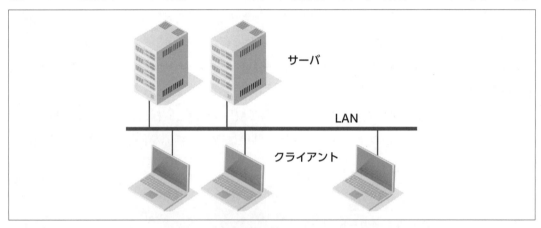

図 12.9　クライアントサーバシステム

(3) ピアツーピアシステム

　LAN に接続されたコンピュータを、クライアントとサーバに区別せずに、すべて同等の機能を持たせるようにしたシステムもあります。これを**ピアツーピアシステム**と呼んでいます。

12.3.2　WAN

・WAN は、広域に張り巡らした通信ネットワークシステムである。
・接続用の通信回線は、専門の通信事業者の敷設した回線を使用する。

176　学校や企業のオフィスで使用されているパソコンは、通常、クライアントサーバシステムで稼働しています。たとえば、学校の教室に設置されている多くのパソコンは、クライアントコンピュータであり、同じ LAN 上のサーバコンピュータに接続されてサービスを受けます。

　WAN は、LAN のように限られた区域ではなく、広域に張り巡らした通信ネットワークシステムです。接続用の通信回線は、専門の通信事業者（例：NTT）の敷設した回線を使用します。そのため、回線使用料が必要です。

　WAN は、初期の頃、企業のオンラインシステムに利用されました。当初、企業は本社に大型の汎用コンピュータを導入し、それに各地の事業所に設置された入出力端末を通信回線で結び、販売データなどの収集に利用しました。その後、1985 年に実施された通信の自由化により、一企業独自のシステムだけでなく、関連企業を含めたオンラインシステムにもWAN が利用されるようになりました。

　現在では、ネットワークの形態も単に入出力端末と汎用コンピュータを接続したものから、コンピュータシステム同士を接続したコンピュータネットワークシステムが広く使用されています。特に、LAN の普及により、複数の LAN と WAN を接続したコンピュータネットワークがいろいろな分野で使用されています（図 12.10）。パソコンやスマホも接続した世界中にまたがるコンピュータネットワークシステム、いわゆる、インターネットが広く利用されています。

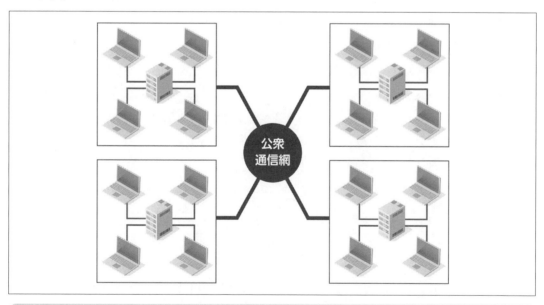

図 12.10　コンピュータネットワーク

12.4　ネットワークシステムにおける通信規約

・ネットワークシステムで情報の伝達を行うときは、送信側と受信側が共通に守る規約が必要である。この規約を通信プロトコル（通信規約）と呼ぶ。
・OSI 参照モデルは、国際的に標準化された通信プロトコルである。

12.4.1　OSI 参照モデル

　入出力装置とプロセッサ間の入出力インタフェースと同様に、ネットワークシステムで、情報の伝達を可能にするために、送信側と受信側の両方で共通に守るべき規約を決めておく必要があります。このような規約を**通信プロトコル（通信規約）**と呼んでいます。

　通信プロトコルは、国際標準化機構（ISO）[177]によって、国際的に **OSI 参照モデル**として標準化されています。OSI[178] は、ネットワーク上の仕様の異なる通信回線やコンピュータ間で情報の伝達が正確に行えるようにするための通信規約です。OSI は、7 階層からなる規約で構成されています。表 13.1 は、その要約です。

表 13.1　OSI 参照モデル

階層	名称	機能
7	アプリケーション層	アプリケーション間のデータ処理方式
6	プレゼンテーション層	データ様式の変換
5	セッション層	会話形式の設定
4	トランスポート層	パケット通信、伝送エラーチェック
3	ネットワーク層	ネットワーク上での伝送路の選択
2	データリンク層	データを伝送する方式の確立
1	物理層	物理的な伝送路（通信回線）の提供

　仕様の異なる通信回線やコンピュータが網の目のように接続されているネットワークシステムで、送信側と受信側で正確に情報のやり取りをするためには、大別して次の 2 点が必要です。

　　・動作原理の異なる通信回線上で情報が支障なく送信側から受信側に伝達できること。
　　・動作原理の異なるコンピュータ間で情報を正確に読み取れること。

177　ISO（International Standardization Organization）
178　OSI（Open System Interconnection）

表 13.1 の OSI 参照モデルで、階層 1 〜 4 は通信機能を保証するための規約、階層 5 〜 7 は情報自体を正確に伝えるための規約です [179]。

12.4.2　通信機能の規約

(1) 物理層

　物理層は、前述（12.2 項）のネットワークシステムにおけるデータ伝送機能に関する規約です。ネットワーク上のコンピュータ間でアナログ、デジタル、光回線、モデム、DSU、ONU の回線終端装置などの規格を標準化し、どんな状況でもデータ伝送ができることを保証します。

(2) データリンク層

　データリンク層は、LAN のような 1 つのネットワーク上で特定のコンピュータ間のデータ伝送を可能にするための規格です。物理層では、アナログ・デジタル変換や電気信号・光信号変換が主目的で送受信するコンピュータの特定化は対象外でした。データリンク層はそれを可能にします。集線装置（ハブ）や LAN 内の特定のコンピュータを識別するための MAC アドレス、有線 LAN のイーサネット、無線 LAN の IEEE802 などが規格の対象になります。

(3) ネットワーク層

　ネットワーク層は、複数のネットワーク上に存在するコンピュータ間でのデータ伝送を可能にするための規格です。特定のコンピュータを識別するための IP アドレス、適切なデータ伝送経路を選択するためのルーティング機能、選択された経路にパケット化されたデータを渡す機能などが規格の対象になります。

(4) トランスポート層

　通信回線を介してデータを転送するとき、データ量が多い場合、それを全体として 1 つのかたまりとして送るのではなく、**パケット**と呼ばれる複数の小さなかたまりに分割して送ります。分割された個々のパケットは、空いている回線を選んで別々に送られます。それによって、データ全体の伝送時間が短縮できます、そのため、パケットへの分割、それをもとの情報に復元する作業が必要になります。またデータ伝送時に発生する可能性のあるエラーのチェックも必要になります。これらの機能を行うのが**トランスポート層**です。

179　たとえば、電話のプロトコルは、①送信者が受信者の電話番号を入力する。②受信者の電話を呼び出す。③受信者が電話に出る。④受信者が本人であることを確認する。⑤会話を行う。⑥電話を切る。①、②、⑥は通信機能、③、④、⑤は情報に関する規約です。

12.4.3 情報に関する規約

(1) セッション層

セッション層は、情報をやり取りするコンピュータ間で会話が混乱なく成立するように同期をとるための規約です。情報をやり取りするための一連の手順に行き違いがあっては会話が成立しません。そのような事態にならないように同期を取るための規約です。

(2) プレゼンテーション層

文字や画像、音楽などのデータ形式が異なるコンピュータ間で情報のやり取りをする場合、そのままでは、正しい情報が相手に伝わりません。

データ形式が異なるときは、相手が正しく理解できるようにコード変換する必要があります。そのための規約が**プレゼンテーション層**です。

プレゼンテーション層では、暗号化が必要な機密情報に関する規約も設定します。

(3) アプリケーション層

アプリケーション層は、ネットワーク上でのアプリケーションを使用できるようにするための規約です。特に、インターネットでは、情報の検索や電子メールなどが広く使用されています。それを可能にしているのがアプリケーション層の規約です。主な規約として、ハイパーメディア画面を閲覧するための HTTP、電子メールのための SMTP などがあります（第13 章参照）。

この章のまとめ

1　通信ネットワークシステムとは、コンピュータと入出力端末を通信回線で結び、情報の伝達と処理を体系的に行うシステムである。

2　通信ネットワークシステムは、データを伝送する部分とデータを処理する部分に分けられる。

3　データ伝送部分は、データを伝送するための通信回線とデータを送受信するための回線終端装置から構成される。

4　通信回線には、アナログ回線、デジタル回線、光回線がある。

5　アナログ回線の回線終端装置としてモデムが使用される。モデムはアナログ / デジタル変換を行う。

6　デジタル回線の回線終端装置として DSU が使用される。

7　光回線の回線終端装置として ONU があり、電気信号と光信号の変換を行う。

8　データを処理する部分は、入出力端末とコンピュータ（プロセッサ）である。

9　通信ネットワークシステムの形態として、LAN と WAN がある。

10　LAN は、比較的狭い区域を対象にしたネットワークである。有線 LAN と無線 LAN がある。

11　LAN はルータを介して他の LAN や WAN と接続できる。

12　WAN は、広域に張り巡らした通信ネットワークシステムである。接続用の通信回線は、専門の通信事業者の敷設した回線を使用する。

13　ネットワークシステムで情報の伝達を行う場合は送受信側双方で共通に守る規約（通信プロトコル）が必要である。国際的に標準化された規約として OSI 参照モデルがある。

|練|習|問|題|

問題 1 ネットワークに関する次の記述の中から、適切なものを 1 つ選びなさい。

(1) ネットワークは、通信回線を網目状に接続したものであり、遠隔地間のデータの伝送を行うが、データの処理は行わない。

(2) ネットワークは、網目状に接続された通信回線とコンピュータが融合したものであり、データの伝送とデータの処理の両方を行う。

(3) LAN は、広域ネットワークであり、インターネットはその代表例である。

(4) WAN は、限られた区域のネットワークであり、WAN を使用したクライアントサーバシステムが普及している。

問題 2 ネットワークの構成要素に関する次の記述の中から適切なものを 1 つ選びなさい。

(1) データ回線終端装置（DCE）は、回線の両端に設置され、アナログ回線では DSU、デジタル回線ではモデムが用いられる。

(2) 遠隔地に設置された端末装置は、データの入力と出力のために使用され、それ自身でデータを処理することはない。

(3) 光回線は、アナログ回線やデジタル回線よりデータ伝送速度が速い。

(4) デジタル回線は、アナログ回線より、一般に伝送速度は速いが、伝送品質はよくない。

問題 3 クライアントサーバシステムに関する次の文章の空欄に適切な用語を記入しなさい。

「クライアントサーバシステムは、ネットワークシステムの 1 つの形態である。サービスを要求する側のコンピュータを（ a ）と呼び、サービスを提供する側のコンピュータを（ b ）と呼ぶ。（ b ）は、役割に応じて設定される。（ a ）と（ b ）は（ c ）を用いて接続される。（ c ）は、限られた区域のネットワークである。

問題 4 OSI 参照モデルの役割について簡潔に説明しなさい。

第 13 章

インターネットの仕組みについて調べてみよう

教師：インターネットに接続されているパソコンやスマホは、世界中で何台くらいあるか知っている？

学生：？？

教師：実は、私も正確な数はわからないよ。数えきれないほど多いし、さらに毎日増えているのでね。これだけ多くのコンピュータが接続されているシステムで、どうして正確に情報のやり取りができるのか、不思議に思わない？

学生：うーん。考えてみればすごいことですよね。

教師：それでは、今回インターネットの仕組みについて紹介することにしよう。

この章で学ぶこと

1 インターネットで、数多くのコンピュータの中から、特定のコンピュータを識別する仕組みについて理解する。

2 すべてのコンピュータが処理可能な情報の形式について知る。

3 動作原理の異なるコンピュータ間で情報のやり取りを可能にする仕組み（プロトコル）について理解する。

4 クラウドコンピューティング、グリッドコンピューティング、IOT など代表的なインターネット利用例を知る。

13.1　インターネットとは

・インターネットは、世界的規模で張り巡らされたコンピュータネットワークシステムである。

インターネットは、世界的規模で張り巡らされたコンピュータネットワークシステムです。世界的規模でくもの巣状に張り巡らされたネットワークということで、インターネットは一般に **WWW**[180] と呼ばれています。Web は「くもの巣」の意味です。インターネットは、WAN の代表的な例です。

インターネット上には、さまざまな仕様の多数のコンピュータシステムが接続されています。それらをまとめて 1 つのシステムとして円滑に稼動させるためには、インターネットシステムとして、守らなければいけない標準的な仕組みが必要になります。特に、重要なのは、次の 3 点です。

① 数多くのコンピュータの中で、特定のコンピュータを識別する仕組み

② すべてのコンピュータが処理可能な情報の形式

③ 動作原理の異なるコンピュータ間で情報のやり取りを可能にする仕組み

13.2　特定のコンピュータを識別する仕組み

・インターネットでは、特定のコンピュータを指定するために IP アドレスを用いる。

インターネットでは、ネットに接続された多くのコンピュータの中で特定のコンピュータを指定するために、IP アドレス[181] を使用します[182]。

180　WWW（World Wide Web）
181　IP（Internet Protocol）
182　私たちが日常の生活で、ある人にはがきや手紙で情報を伝えるときは、その人の住所と名前を指定するのと同じです。

13.2.1 IPアドレス

・IPアドレスは、通常、32ビットで構成され、コンピュータごとに固有の値を
もつ。

(1) IPアドレスの構成

IPアドレスは、インターネット上の多くのコンピュータシステムの中で、特定のコン
ピュータを指定します。そのため、IPアドレスはコンピュータごとに固有の値をもつ必要
があります。

IPアドレスは、コンピュータで扱えるようにするため、ビットで表現されます。**IPv4** [183]
では、IPアドレスを、32ビットで構成します。32ビットを2進数でそのまま表現すると
わかりにくいため、8ビットごとにドットで区切りそれぞれの部分を4つの10進数で表現
し、わかりやすくします。

下記にその例を示します。上部が2進数、下部はそれを4桁の10進数で表現したものです。

11100000.01010101.11001100.00000011 （2進数）

224.85.204.3 （10進数）

IPアドレスは、32ビットをネットワーク部とホスト部で構成します[184]。図13.1は、IP
アドレスの具体例です。ネットワーク部に7ビット、ホスト部に24ビット割り当てていま
す。この場合、ネットワーク数は 2^7 =128、1つのネットワーク上のコンピュータ数は 2^{24}
=1678万台まで接続できることになります。

図13.1 IPアドレス

IPアドレスの左端のビットは、ネットワークの規模を表すクラスを指定しています。図
13.1のようにクラスを表すビットが "0" であるときは、大規模ネットワークを表しています。

---

183 IPv4（IP version 4）
184 インターネット上の特定のコンピュータを指定するときは、所属するネットワークとそのネットワーク
　　上の特定のコンピュータを明確にする必要があります。前者をIPアドレスのネットワーク部で、
　　後者をホスト部で指定します。

中規模の場合は左端の 2 ビットが 10、小規模の場合は左端の 3 ビットが 110 になります。

　中規模、小規模ネットワークに対しては、大規模ネットワークと異なった独自の IP アドレスの設定法を用います[185]。IP アドレスを 32 ビットで表すことには変わりありませんが、ネットワーク部分とホスト部分のビット数が大規模ネットワークと比べて変わってきます。規模が小さくなるほどネットワーク部分のビット数が多くなり、ホスト部分のビット数が少なくなります。小規模のネットワークは大規模ネットワークより数多く存在し、1 つのネットワークに接続されるホスト数は少なくなるためです。たとえば、小規模ネットワークでは、ネットワーク部が 24 ビット、ホスト部が 8 ビットと大規模ネットワークと逆のビット数になります[186]。

(2) グローバル IP アドレスとプライベート IP アドレス

　上述の IP アドレスは、インターネット上の特定の機器を指定するものであり、機器ごとに一意的なアドレスが割り振られます。その場合、同じアドレスが異なる機器に割り振られないようにする必要があります。そのためアドレスの指定は世界的に特定の機関が統一して行い、重複が発生しないように調整しています。このようにして定められた IP アドレスを**グローバル IP アドレス**といいます。

　ただ、インターネットに接続する機器が増加しているため、32 ビットで表現できるアドレス数では足りなくなってきています。この問題を解決するため、限られた LAN 内だけに限定し、インターネットでは使用しないという条件付きで、グローバル IP アドレスと同じアドレスを使用することを認めています。このような IP アドレスを**プライベート IP アドレス**といいます。

　プライベート IP アドレスを使用している LAN でインターネットと接続する必要がある場合は、ルータの機能でプライベート IP アドレスをグローバル IP アドレスに変換することができます。この機能を **NAT**[187] といいます。

　IP アドレスのビット数不足を解消する方法として、**IPv6** では IP アドレスを 128 ビットで構成できるようになっています。大量の IoT デバイスを使用する IoT システム（13.6 参照）では、IPv6 が採用されています。

(3) DHCP

　LAN 内の IP アドレスをコンピュータ起動時に自動的に設定する方法があります。これを

185　IP アドレスは、大規模、中規模、小規模の 3 種類のネットワークに対して指定できます。
186　ネットワークの規模にかかわらず、IP アドレスは 32 ビットのため、インターネット全体では、最大 223（約 43 億）台のコンピュータが接続可能です。
187　NAT（Network Address Tanslation）

行うのが **DHCP**[188] と呼ばれるサーバコンピュータです。DHCP サーバは、通常、LAN ごとに設置され、その LAN 内のコンピュータに割り当てられた IP アドレスの範囲を記録しています。その LAN に接続されている 1 つのクライアントコンピュータが起動されると、他のクライアントに割り当てていない IP アドレスをそのクライアントに割り当てます。

13.2.2　ドメイン名

> ・ドメイン名は、人間が理解しやすい文字を使用して、インターネット上の特定のコンピュータを指定する。

ドメイン名[189] は、人間が理解しやすい文字を使用して、インターネット上の特定のコンピュータを指定します。理解を助けるために、ドメイン名は階層化されています。ドメイン名の階層は次のようになります。

　　ホスト名. 組織名. 組織属性. 国名

「国名」でどこの国のコンピュータかを指定します。たとえば、日本にあるコンピュータには "jp" というコードを使用します。「組織属性」では、そのコンピュータが設置されている組織の大きなカテゴリを指定します。たとえば、企業では "co"、研究機関では "ac"、政府機関では "go" などのコードを使用します。「組織名」は、そのコンピュータが導入されている組織の具体的な名前を指定します。たとえば、"osaka-seikei" などのコードを使用します。「ホスト名」は、インターネットに直接接続されているコンピュータ名を指定します[190]。

　ドメイン名を設定するときは、文字として英数字、記号の他に、漢字、ひらがな、カタカナが使用できます。

13.2.3　DNS

> ・DNS は、ドメイン名を IP アドレスに変換する。

ドメイン名は、人間には理解できても、コンピュータはそのままでは理解できません。コ

188　DHCP（Dynamic Host Configuration Protocol）
189　IP アドレスは、コンピュータ用にビットで構成されています。インターネットの利用者が、これをそのまま扱うのは、現実的ではありません。人間が理解しやすいのは、ビットの組合せより、意味のある文字によるアドレス表現です。それを可能にするのがドメイン名です。
190　ドメイン名の具体例：univ.osaka-seikei.ac.jp。この例は、日本（jp）の大学（ac）である大阪成蹊大学（osaka-seikei）のコンピュータ（univ）を表しています。

ンピュータが理解できるのは、あくまでもビットで構成された IP アドレスです。そのため、利用者がドメイン名で入力したアドレスをコンピュータが理解できる IP アドレスに変換する作業が必要になります。この作業を行うのが **DNS** [191] というサーバコンピュータです [192]。

13.3 共通に処理可能な情報の形式

13.3.1 Web ページ

> ・インターネット上のコンピュータに表示される画面は、Web ページと呼ばれハイパーメディア形式で作成される。
> ・ハイパーメディアは、文字、画像、音声データを処理でき、他の画面へのリンク機能も有し、インターネット上で共通に処理可能な情報の形式である。

インターネット上のコンピュータに表示される画面は、一般に、Web ページと呼ばれています。**Web ページ**は、どのコンピュータでも処理できる標準的な規約にそって作成する必要があります。画面には、通常、文字データの他に、画像データや音声データを含めることができます。また、画面の特定個所をクリックすると他の画面を表示できる**リンク機能**をもつ必要があります。このような特性をもつコンテンツを**ハイパーメディア** [193] といいます。そして、ハイパーメディアを構成する情報を総称して、**Web コンテンツ**と呼んでいます。従来、文字列を中心に画面を構成していたときは、コンテンツを**ハイパーテキスト**と呼んでいましたが、その後は画像、音声なども含めてハイパーメディアと呼ぶようになりました。

図 13.2　Web ページ

191　DNS（Domain Name System）
192　DNS サーバは、ドメイン名と IP アドレスの対照表を持ち、それをもとにドメイン名を IP アドレスに変換します。
193　ハイパーメディア（Hyper Media）

図 13.2 は、Web ページの例です。

13.3.2 Web ページ作成用言語

(1) HTML

画面をハイパーメディアで作成するための標準言語が用意されています。この言語が **HTML**[194] です。

HTML によって、画面に表示する文章の文字データの指定や文章形式（文字の大きさ、表示位置、箇条書きの指示など）を指定することができます。また、文字や画像データなどがファイル形式で保存されていれば、そのファイル名を指定することによって、そのファイルのデータを画面に表示することも出来ます。さらに他のハイパーメディアを表示するためのハイパーリンクの指定もできます。インターネット上の画面は、HTML で作成することで、すべてのコンピュータで処理できることになります。

HTML でハイパーメディアの画面を作成するときは、タグという制御文字を使用します。たとえば、下記のように記述します。

```
<html>
<body>
<p> 特別講義 </p>
<p> 詳細は <a href="kougi.html"> ここをクリック </a></P>
</body>
</html>
```

この例で、<> で囲まれた部分がタグです。<html>、</html> はプログラムの開始と終了、<body>、</body> は画面に表示する本文の開始と終了、<p>、</p> は段落の開始と終了、<a>、</a> はリンクの開始と終了を示しています。<a> 内にリンク先のファイル名を指定しています。このプログラムを実行したときに表示される画面は次のようになります。

```
特別講義

詳細はここをクリック
```

---

194 HTML（Hyper Text Markup Language）

(2) Python

Web ページを作成する言語として、HTML とともに、**Python**（パイソン）が、幅広く使用されています。YouTube、LINE、Dropbox などのインターネットサービスは Python で作成されています。

Python は、高水準言語の一種で、人間が普段使用している言語でプログラムを作成することができ、その分理解しやすいという特徴を持っています。コード（命令）が簡単で、まとまった処理ができるライブラリも豊富にそろっているため、AI ソフトウェアの開発やアプリケーション開発など幅広い分野で利用されています。

13.3.3　URL

・URL は、検索したい情報を持っているコンピュータのドメイン名、ディレクトリ名、ファイル名を指定する。

URL[195] は、欲しい情報を持っているコンピュータのドメイン名とその情報が含まれているディレクトリ名とファイル名を指定します。Web ページの検索キーを入力する箇所に URL を入力することによって検索したい情報を得ることができます。

URL は、次のような一定の形式を持っています。

　　　http:// ドメイン名 / ディレクトリ名 / ファイル名

http は、Web コンテンツを含んだページをクライアントとサーバ間で転送するときのプロトコルを指定しています。ドメイン名は、検索したい情報を保有しているコンピュータを指定します。また、ディレクトリ名、ファイル名は、検索したい情報の所在場所を指定しています。なお、ドメイン名で指定したコンピュータのホームページだけを表示したいときは、ディレクトリ名、ファイル名を省略することができます。たとえば、

　　　https://www.amazon.co.jp/amazon/shopping

この例で、www は www サーバ、amazon.co.jp は日本にあるアマゾン企業のコンピュータ、そこに保存されている amazon ディレクトリ内の shopping ファイルを指定しています。一方、

　　　http://www.yahoo.co.jp

と指定すれば、おなじみの yahoo の日本語版ホームページを表示することができます。

195　URL（Uniform Resource Locator）

上記の 2 つの例で、amazon の例では http の末尾に s が付加されています。これはデータの暗号処理機能をもったプロトコルを表しています。amazon のショッピングでは、個人情報を扱うため、暗号化が必要になります。一方、yahoo の例では、ホームページの表示だけで、暗号処理は必要ではなく、s は付けません（あくまで例であり、現在の yahoo は s が付いています）。

13.3.4 HTTP

・HTTP は、ハイパーメディアを転送するときの通信規約（プロトコル）である。

インターネットの利用者が、**ブラウザ**[196] に URL を入力すると、ブラウザは URL を管理している WWW サーバ[197] に情報を提供するように要求を出します。この場合、ブラウザはサービスを要求するクライアントであり、WWW サーバはサービスを提供するサーバになります。ブラウザの要求に対して、サーバから Web コンテンツを送るときは、一定の通信規約にそって行います。この通信規約が HTTP[198] です。

HTTP は、要求を伝えるメッセージ（リクエストメッセージ）、それに対する応答（レスポンスメッセージ）の形式やクライアントとサーバ間の通信手順を定めています。

13.4 インターネットで情報をやり取りする仕組み

インターネット上の動作原理の異なるコンピュータや通信回線、中継装置間で情報のやり取りをするには、第 12 章（12.4 項）で述べたように、通信プロトコルが必要になります。インターネットでは、通信プロトコルを TCP/IP と呼んでいます。

13.4.1 TCP/IP

通信プロトコルの国際標準である OSI は、ネットワークシステムを 7 つの層に分けて、層ごとに守るべき規約を定めています。しかし、インターネットでは、4 つの層に分けて規約を定めています。**TCP/IP** は、階層の分け方が OSI と異なりますが、OSI の全階層をカバーしています。表 13.1 は、TCP/IP の 4 つの層と OSI の層との対比、層ごとに対応するプロ

196　ブラウザ：インターネットを操作するソフトウェア（第 10 章 10.2 参照）。
197　WWW サーバ：インターネット専用のプロセッサ。
198　HTTP（Hyper Text Transfer Protocol）

トコル、操作するソフトウェアを示しています。

表 13.1　TCP/IP

TCP/IP	OSI	プロトコル	ソフトウェア
アプリケーション層	アプリケーション層 プレゼンテーション層 セッション層	HTTP、SMTP POP3、FTP	アプリケーションプログラム
トランスポート層	トランスポート層	TCP	OS
インターネット層	ネットワーク層	IP	OS
ネットワーク層 インターネット層	データリンク層 物理層	イーサーネット IEEE802	ドライバ

(1) TCP

　インターネットにおける通信プロトコルの代表名の一部として使用されている **TCP** は、TCP/IP のトランスポート層でのプロトコルです。OSI のトランスポート層と同じ機能をカバーします。すなわち、インターネット上を転送するデータのパケット化に関する規約です。パケットへの分割、それを元の情報に復元するために、パケットには本来のデータとともに、パケットの順番を示すデータや転送先の IP アドレス、データを使用するアプリケーション番号（**ポート番号**といいます）などを付加することを規約化しています。また、データ伝送時に発生する可能性のあるエラーのチェックも必要になります。

　規格にそって実際の処理は OS が行います。

(2) IP[199]

　TCP/IP における **IP** プロトコルは、OSI のネットワーク層の規約をカバーします。

　送付先のコンピュータにデータをネットワーク上のどのような経路で送るのがよいのか判断する**ルーティング機能**に関する規約です。ルーティングは、実際に実行するときは、ハードウェアではルータ、ソフトウェアでは OS が操作します。

　ルータは、通常、インターネットに接続される LAN ごとに設置されます。最初、送付元のルータが次の送るべきルータを決定し、順送りに、各ルータが送付先までの経路を決定していきます。

　ルータがハードウェアとして TCP/IP のインターネット層の機能をカバーするのに対し、LAN や WAN の接続に対して OSI のすべての層をカバーする機能を持った**ゲートウェイ**も使用することもできます。ゲートウエィは、プロトコルの異なる LAN や WAN に対して、プロトコルを変換して接続できるようにします。

199　IP（Internet Protocol）

(3) SMTP/POP3/FTP

インターネットでは、電子メールが広く利用されています。**SMTP**[200] は、メールを送信するときのプロトコルです。送信者が作成したメールは、クライアントコンピュータから送信側のメールサーバに送られます。メールサーバはメールが指定した受信者のアドレスを解読し、ネットワークを介して、受信側のメールサーバにメールを送ります。これらの作業は、SMTP のプロトコルに従って行われます。

POP3[201] はメールを受信するときのプロトコルです。受信側のメールサーバから受信者のクライアントコンピュータにメールを送るとき、POP3 のプロトコルに従って行われます。

図 13.3 は、メールの送受信のプロトコルを示しています。

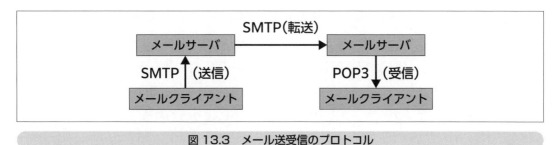

図 13.3　メール送受信のプロトコル

メールには、メッセージに加えてファイルデータを添付することもできます。ファイルの添付は **FTP**[202] プロトコルに従って行われます。

また、前述の HTTP は、ハイパーメディアという特定の形式の情報をインターネット上で転送するためのプロトコルでした。

これらのプロトコルは、TCP/IP のアプリケーション層をカバーするものであり、インターネットは、これらの規約に従って、Web ページや URL による情報検索、メール処理などの機能を実行します。

(4) その他のプロトコル

前章で述べた有線 LAN に対するイーサネット、無線 LAN に対する IEEE802 は、TCP/IP のネットワークインタフェース層に関するプロトコルです。また、IP アドレスを自動的に割り振る DHCP、ドメイン名を IP アドレスに変換する DNS などもプロトコルとして位置付けられます。

インターネット上の種類の異なるすべての通信回線、中継機器、コンピュータが、TCP/

200　SMTP（Simple Mail Transfer Protocol）
201　POP3（Post Office Protocol Version 3）
202　FTP（File Transfer Protocol）：ファイルを送受信するときに使用するプロトコル。

IP の手順にそうことにより、インターネットでの情報の転送が可能になります。

13.5　インターネットの利用形態

インターネットを利用したいろいろな形態があります。

13.5.1　情報検索

インターネット上の諸々のコンピュータに保存されている閲覧可能な情報をブラウザが提供する画面を介して検索することができます。

図 13.2 の Web ページで、画面上の検索キー入力欄に検索したい情報を持った URL を入力することで、必要な情報を検索できます。URL が未知の場合でも、情報の内容に関連するキーを入力すれば、必要な情報を持っている複数の UAL が見出しとともに表記され、それらをクリックすることで、その中から必要な情報を見つけることができます。

これらの処理は、インターネット上の WWW サーバにより行われます。

13.5.2　電子メール

インターネットで情報検索とともに広く使用されているものに**電子メール**があります。

(1) メールの送受信機能

利用者は自分のメールアドレスをもつことにより、他のメールアドレスをもっている利用者とインターネット上でメールのやり取りができます。

(a) メールアドレス

メールの送受信を行うためには、**メールアドレス**を設定する必要があります。メールアドレスは、

　　　ユーザ名@ドメイン名

の形を取ります。ユーザ名は、自分を表す名前で、自由に作ることができます。使用する文字は英字、数字、'・'、'-' が使用できます。ドメイン名は、基本的には、前述のルールに従いますが、ルールにこだわらずに自由に作ることもできます。

(b) 同報メール

メールを送信する時は、一人の相手に送信することも、同一内容のメッセージを同時に複数の相手に送ることもできます。特に、複数の相手に同じ内容のメールを送ることを**同報メール**といいます。複数の相手でも正規の相手ではなく、参考程度に送るときは、正規の相手の

メールアドレスを to、参考程度に送る相手のメールアドレスは cc [203] で指定します。また、宛先を bcc [204] で指定することもできます。bcc で指定した場合は、当人以外には公開されません。したがって、to や cc で指定された人が bcc で指定された人を知ることができません。しかし、bcc 側からは、to や cc で指定された相手を知ることができます。bcc は、誰に送ったかを他の人に知られたくないときや送付先が多数で、表記されるアドレスを受信側で見るのが煩わしいときなどに使用されます。これらの機能は、インターネット上のメールサーバが、図 13.3 に示すような仕組みで、SMTP や POP3 などのプロトコルにしたがって操作を行います。

(2) アーカイブ機能

Gmail や Outlook など広く利用されているメールソフトは、通常、受信メールや送信済メール、削除メールなどのためにそれぞれのフォルダを用意し、該当メールをファイルとして保存できるようになっています。しかし、それらのフォルダ内のメールの中には、当面必要ではないがずっと残しておきたいメールが存在する場合があります。それらのメールをまとめて別の場所に保存できる機能が**アーカイブ**機能です。アーカイブは保管場所を意味する用語で、メールだけでなく、インターネットで使用されるファイルやプログラムの永久保存のためにも利用されます。

13.5.3　マッシュアップ

インターネット上ですでに利用されている複数の異なるコンテンツ（プログラムやデータ）を組み合わせて新しいコンテンツを構築することができます。これを**マッシュアップ**（混ぜ合わせるの意）と呼んでいます。マッシュアップによって、何もない状態から新しいコンテンツのすべてを作り上げるのではなく、既存の物を混ぜ合わせて構築するので、低コストで、新しい価値を有したコンテンツを提供できます。例として、レストランコンテンツと地図コンテンツを組み合わせて、レストランの場所を地図上に表示するサービスなどがあります。

203　CC（Carbon copy）
204　BCC（Blind Carbon Copy）

13.5.4 クラウドコンピューティング

(1) クラウドコンピューティングとは

かつては、企業がコンピュータシステムを構築するときは、自給自足が原則で、ハードウェアやソフトウェアは全部自分で用意する必要がありました。しかし、インターネットなどの普及により、世界中どこにでも通信できるようになり、他で構築されたシステムを利用できるようになりました。

クラウドコンピューティング[205] は、他の専門業者が提供するコンピュータサービスを利用する仕組みを意味しています。クラウドコンピューティングを利用することにより、自前のハードウェアやソフトウェアをもつことなく目的の業務の情報化が図れることになり、費用の節約や生産性の向上が期待できます。総務省が発行している令和 3 年版 情報通信白書では、企業の約 7 割がクラウドコンピューティングを使用しているという調査結果を示しています。

(2) サービスの種類

クラウドコンピューティングで利用できるサービスには、ハードウェア（プロセッサ、補助記憶装置）、ソフトウェア（基本ソフト、アプリケーション）、通信回線を含めたシステム全体を提供してもらうものや、データベースのバックアップ、メールなどの部分的なサービスなどいろいろなものが提供されています。企業だけでなく、個人でもスマホの動画などの保存を必要に応じて利用することができます。

これらのサービスを提供する専門業者としては、Microsoft、Google、Amazon などがあります。

13.6 IoT システム

13.6.1 IoT システムとは

IoT システムは、インターネットの利用形態の 1 つですが、社会的に影響が大きいシステムです。IoT[206] は、「モノのインターネット」と呼ばれています。通常、インターネットは、コンピュータなどの IT 機器と通信回線のネットワークを意味していますが、IoT システムは、

---

205 クラウドとは雲の意味ですが、ここでは、雲のように広がったネットワーク、つまりインターネットを意味しています。
206 IoT（Internet of Things）

IT 機器以外のすべてのモノもインターネットに接続するシステムです。ここで、モノとは、電気製品や自動車などをはじめ、世の中に存在するすべてのものを指します。

13.6.2 IoT システムの構成

モノをインターネットに接続する目的は、要約すれば、遠隔地に存在するモノの状況を計測し、データをインターネット上にあるコンピュータ（**IoT サーバ**）に送って、モノに対する適切な処置を決定し、それをモノにフィードックすることです。

それを可能にするためには、モノの状況を計測するための**センサ**、IoT サーバから送られてきたデータをもとにモノを制御するための**アクチュエータ**が必要になります。センサやアクチュエータを総称して **IoT デバイス**と呼んでいます。

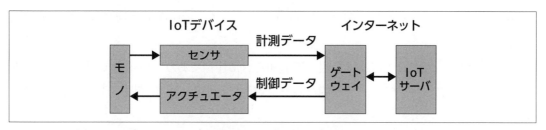

図 13.4 IoT システム

図 13.4 は、IoT システムの仕組みを示しています。ゲートウェイは IoT デバイスと IoT サーバのプロトコル変換を行うために必要になります。

13.6.3 エッジコンピューティング

IoT システムでは、制御対象のモノの種類によって、センサやアクチュエータの IoT デバイスの数が膨大になる場合があります。結果として、IoT デバイスと IoT サーバ間でやり取りするデータ量が多くなり、IoT サーバの負担が増し、反応が遅くなる可能性があります。速い反応が必要なシステムでは、事故が発生するかもしれません。このような事態を避けるために、IoT デバイス側（エッジ）にサーバ（ゲートウェイ）を置き、エッジ側で処理可能なデータはそこで処理し、IoT サーバには必要不可欠なデータだけを送ることで伝送データ量を減らし、反応を早くする措置が取られます。このようなシステム構成を**エッジコンピューティング**と呼んでいます。

13.6.4　LPWA

　IoT システムでは、モノや IoT デバイスが広域に設置されることが多いため、IoT サーバとの間での広域通信が可能な無線通信技術が要求されます。そのために使用される技術として、**LPWA**[207] があります。LPWA は、数十 km までの範囲で無線通信が可能な広域性と消費電力も少ないという特性を持っています。LPWA のサービスを提供する専門業者もあります。

13.6.5　BLE

　IoT システムは、広域で使用される場合の他に、1 つの工場や学校など比較的狭いエリアで利用されるケースもあります。このようなシステムを **IoT エリアネットワーク**と呼んでいます。

　IoT エリアネットワークは、範囲が限られているため、近距離無線通信技術である BLE[208] が使用できます。

　BLE は、Bluetooth4.0（第 8 章参照）で追加された仕様であり、省電力で通信が可能であるという特性を持っています。一般的なボタン電池で、半年から数年間の連続動作が可能です。

　なお、従来の Bluetooth3.0 以前とは互換性はなく、赤外線通信は使用できません。

13.6.6　IoT システムの適用分野

　IoT システムは、製造業、物流業、農業、飲食業など広い分野で実用化されています。たとえば、令和 4 年度の IT パスポート試験問題で水田の水位を水位計（センサ）で計測し、そのデータを IoT サーバに送信して、分析結果をもとにアクチュエータで水田の水門を自動開閉して水田の水位を適切に保つ問題が出題されています。

　また、スーパーマーケットでの利用例も出題されています。そのほか、野菜や果物の温室栽培で、温室の温度を適切に調整するために、温室に設置した温度計（センサ）で温度を計測し、データを IoT サーバに送り、あらかじめ IoT サーバに記憶させておいたその時々に応じた適切温度を判定し、その結果をアクチュエータに送り、適切温度に設定させ、無人で温室の自動調整を可能にしている例もあります。このように、数多くの IoT システムが利用されています。

207　LPWA（Low Power Wide Area）
208　BLE（Bluetooth Low Energy）

Web3

　Web は、本来、蜘蛛の巣の意味ですが、蜘蛛の巣のように張ったネットワーク、つまりインターネットの代名詞として使われていることは、すでに述べました。Web3 は、インターネットの第 3 世代といったところでしょうか。インターネットの第 1 世代（Web1）は、インターネットが最初に利用され始め、多くの接続業者が入り乱れてサービスを競った利用形態を指しています。第 2 世代（Web2）は、それが淘汰されて GAFAM（Google、Amazon、Facebook※、Apple、Microsoft）の巨大 IT 企業がサービスを独占して行っている時代、つまり、現在の利用形態を指しています。したがって、第 3 世代（Web3）は、これから来るインターネットの利用形態を示すものです。現在のところ、Web3 では、巨大企業のサービスから解放され、個人同士が自由にインターネットを利用できるようになると言われています。たとえば、現在では、個人情報などは、IT 企業に提示し、企業が提供するサービスを受けています。それが Web3 では個人情報は自分が保有し、それをどう使うかの管理は、企業を介さず、直接自分で行うことができるようになります。集中型から分散型への移行です。それを可能にする技術として、ブロックチェーン（第 14 章参照）があげられています。ブロックチェーンは、分散型台帳を実現する技術で、複数のコンピュータが同じ内容のデータを保持し、各コンピュータがデータの正当性を検証することによってデータの改ざんを防ぎ、個人の財産を守ります。

※現在の社名は Meta

この章のまとめ

1 インターネットでは、個別のコンピュータを指定するために IP アドレスを用いる。

2 IP アドレスは、通常、32 ビットで構成され、コンピュータごとに固有の値をもつ。

3 ドメイン名は、人間が理解しやすい文字を使用して、インターネット上の特定のコンピュータを指定する。

4 DNS は、ドメイン名を IP アドレスに変換する。

5 ハイパーメディアは、インターネット上の標準テキスト形式であり、文字、画像、音声データ、他のページへのリンク機能を含み、マークアップ言語で作成する。

6 URL は、検索したい情報を持っているページの所在場所を指定する。

7 ネットワークシステムで情報の伝達を行うときは、送信側と受信側が共通に守る規則が必要である。この規約を通信プロトコル（通信規約）と呼ぶ。OSI 参照モデルは、国際的に標準化された通信プロトコルである。

8 TCP/IP はインターネット用のプロトコルの総称である。OSI の全階層をカバーする。

9 インターネットでは、情報検索やメッセージ交換が広く利用されている。

10 クラウドコンピューティングは、専門業者によるインターネットサービスであり、利用者は自給自足のシステム作りから解放される。

11 IoT は、すべてのモノをインターネットに接続することを可能にし、モノの遠隔操作を可能にする。

|練|習|問|題|

問題 1　インターネット上で、特定のコンピュータを指定するものとして IP ア
　　　　ドレスとドメイン名があります。両者の違いを簡潔に説明してくださ
　　　　い。

問題 2　ハイパーメディアに関する次の記述で、正しいものには○、正しくない
　　　　ものには×を付けなさい。

（1）　文字と画像データは扱えるが音声データは扱えない。

（2）　他のページへのリンクができる。

（3）　HTML では作成できない。

（4）　文字、画像、音声データを扱うことができ、他のページへのリンクも
　　　　できる。

問題 3　通信プロトコルに関する下記の文章の（　　）内に適切な用語を記入し
　　　　なさい。

（1）　通信プロトコルは、ネットワーク上で送信側と受信側がともに守らな
　　　　ければならない（　a　）である。世界的な標準として ISO が設定
　　　　した（　b　）がある。

（2）　インターネットでは、送信する情報の冒頭に送信先の IP アドレスを
　　　　付加したり、ネットワーク上の送信経路を選択したりする必要があ
　　　　る。これらの作業を行うプロトコルは、TCP/IP では（　c　）である。
　　　　（　c　）は（　b　）の（　d　）層に該当する。

（3）　インターネット上で、情報は、通常、（　e　）と呼ばれる小さなかた
　　　　まりに分割して送信する。（　e　）に分割したり、元の情報に復元し
　　　　たりするプロトコルは、TCP/IP では（　f　）である。（　f　）
　　　　は（　b　）の（　g　）層に該当する。

問題 4　クラウドコンピューティングの利点について簡単に説明しなさい。

問題 5　IoT システムについて、下記の文章に適切な用語を入れなさい。

（1）　IoT は、（　a　）のインターネットと呼ばれている。

(2) 遠隔地にある（　a　）の状況を（　b　）で計測し、（　c　）に送る。
（　c　）は制御データを（　d　）に送り、（　a　）を制御させる。

(3) （　b　）と（　d　）を総称して（　e　）と呼んでいる。

第 14 章

情報セキュリティの
重要性を認識しよう

教師：パソコンで、普段使っているプログラムやデータが急にお
　　　かしくなったことはない？

学生：ときどきありますよ。

教師：何が原因でそうなると思う？

学生：よくわかりません。

教師：普段使っているプログラムやデータは、壊れないように安全に保護し
　　　てほしいよね。でも結構安全を脅かす脅威にさらされているんだ。

学生：なんとかならないのですか。

教師：今回はその問題について検討してみよう。

この章で学ぶこと

1　情報セキュリティ管理の必要性を理解する。

2　プログラムやデータの安全を脅かす要因について検討する。

3　コンピュータウイルスの種類と安全対策を考える。

4　プログラムやデータの安全保護対策について知る。

5　暗号化技術について理解する。

14.1 情報セキュリティ管理の必要性

　今日の情報化社会では、情報は重要な資産です。コンピュータで処理するデータやそれを生み出すためのプログラムは、社会や企業あるいは個人の大切な資産です。これらの資産が盗用されたり、改ざん、破壊されたりすると、その影響は甚大[209] です 。そのため、プログラムやデータは、安全に保護する必要があります。これが**セキュリティ管理**です。セキュリティ管理は、**安全保護管理**とも呼ばれます。

　インターネットの時代では、世界中のコンピュータのデータが更新可能です。それだけに、プログラムやデータの安全はいつ脅かされるかわかりません。安全を保護するためには対策が必要になります。対策を考えるためには、まずプログラムやデータの安全を脅かす要因について知ることが重要です。

14.2 脅威と脆弱性

14.2.1 脅威

・プログラムやデータの安全を脅かす脅威として、人的、技術的、物理的要因がある。
・脅威に対して防御対策が不十分なプログラムやデータ、セキュリティに対する無知などが脆弱性を生む原因になる。

　プログラムやデータの安全を脅かすものとして、人的な要因、技術的な要因、物理的な要因が考えられます。これらの脅威によって引き起こされた情報システムに対する事故を**情報セキュリティインシデント**といいます。

(1) 人的要因

　人間がコンピュータの管理している情報を不正利用することを**ソーシャルエンジニアリング**といいます。ソーシャルエンジニアリングの1つとして、コンピュータが保管しているデータを破壊したり、改ざんしたりする行為があります。このような違法行為を**クラッキング**といいます。このような行為をする人を**クラッカ**と呼んでいます。

　また、情報を盗み、第三者に漏えいするという行為もあります。さらに、パスワードの入

209　たとえば、預金システムのデータベースで管理されている口座データが改ざんされたり、破壊されたりしたら、その銀行だけの問題ではなく、社会的に大きな影響を及ぼすのは、容易に想像できます。

力時に盗み見し、盗んだ ID やパスワードを使用して正規のユーザになりすまし、コンピュータを不正利用するなどの行為[210] もあります。さらに、企業ビジネスにおいて、取引先を装って電子メールで口座の振り込み先を自分の口座に変更させるといった手口[211] もあります。

悪意がなくても、人間の誤操作により、データが破壊されたり、改ざんされたりすることもあります。

(2) 技術的要因

悪意を持ったソフトウェアを知らないうちにコンピュータに侵入させ、プログラムやデータを破壊してしまう行為もあります。このような悪意を持ったソフトウェアを総称して**マルウェア**[212] と呼んでいます。マルウェアの代表的なものとしてコンピュータウイルス（以下ウイルスと略す）があります。ウイルスに関しては次節で詳しく取り上げます。

脅威の技術的要因としては、人間が情報システムに対し攻撃的な行為を行うものもあります。このような行為を**サイバー攻撃**と呼んでいます。

(a) 無差別サイバー攻撃

サイバー攻撃をする場合、どのサーバに対しても通用する無差別な攻撃があります。例としては、ショルダーハッキングと同様に、他人のユーザ ID やパスワードを探り当てて、本人になりすまし、口座から預金を引き出したり、買い物をしたりする行為があります。ただ、ユーザ ID やパスワードを探り当てる方法が、盗み見ではなく、技術的になります。ユーザ ID やパスワードとして使われやすい名前や誕生日などを大量に記述したファイル（**辞書ファイル**といいます）を用いてその組み合わせでログインを試すやり方（**辞書攻撃**と呼んでいます）や考えられるすべての文字を組み合わせて順番にログインを試すやり方（**総当たり攻撃**といいます）、あるサーバから盗み取った大量のユーザ ID とパスワードを使用して別のサーバに不正にログインするやり方（**パスワードリスト攻撃**といいます）などがあります。また、DNS サーバのキャッシュメモリに内蔵されているドメイン名から IP アドレスに変換する情報を書き換えて偽の IP アドレス（サーバ）に誘導するやり方（**DNS キャッシュポイズニング**といいます）、特定のサーバに故意に大量のデータを送り処理不能にする **DoS**[213] **攻撃**、脆弱性のある複数の端末を乗っ取り、そこから一斉に DoS 攻撃を仕掛ける **DDoS**[214] **攻撃**、メールサーバに大量のメールを送り、処理を　不能にする**メール爆弾**、企業名を騙ってメールを送信し、受信者のクレジットカード番号などを不正に入手する**フィッシング詐欺**、不正

210　**ショルダーハック**と言います。肩越しにディスプレイ画面を盗み見するのでこう呼ばれています。
211　**BEC**（Business-E-mail Compromise）と呼ばれています。
212　マルウェア（Malicious Software）
213　DoS（Denial of Service）：処理を不能にするの意味。
214　DDoS（Distributed DoS）

な SQL 言語を侵入させ、それを実行させることにより、データベースからデータを盗み取ったり、改ざんしたりする **SQL インジェクション**[215] といった攻撃的な行為もあります。

(b) 標的型サイバー攻撃

無差別サイバー攻撃がどのサーバに対しても通用する攻撃方法であるのに対し、**標的型サイバー攻撃**は、特定のサーバに焦点を絞り攻撃を仕掛けます。悪質で、執拗な特徴があります。

代表的なものとして、**サイバーキルチェーン**[216] があります。サイバーキルチェーンは、特定の攻撃標的に対し、偵察（標的の情報収集）、武器化（ウイルスの作成）、配送（メールなどでウイルスを送る）、攻撃（ウイルスを開かせる）、導入（ウイルスをインストール）、遠隔操作（端末からウイルスの遠隔操作）、目的実行（標的情報の持ち出し）の 7 段階に分け、用意周到に標的を攻撃します。

サイバーキルチェーンは、本来は、アメリカのロッキード社によって、このような攻撃に対する防御対策を立てるために提示されたものです。

サイバーキルチェーンほどは大がかりではないですが、**RAT** と呼ばれる標的型サイバー攻撃があります。RAT は、ネズミという意味ですが、ネズミのように隠れた状態で、遠隔にある端末から操作を行い、標的に定めたコンピュータにファイルの送受信やコマンドなどを実行させ、重要情報を不正に入手します。

(3) 物理的要因

地震、火災、水害などの自然災害によって、コンピュータ自身やプログラム、データが使用不能になることがあります。また、人為的にコンピュータを破壊する行為もあります。

ちなみに、IPA（情報処理推進機構）は、2022 年の情報セキュリティ 10 大脅威を発表しています。参考までに、上位 5 位までを表 14.1 に示します。個人では、ネットを利用して、メールなどで個人情報を盗み取り、金銭詐欺や脅迫行為が中心になっています。企業に対しては、企業情報を暗号化して使用不能にして、元に戻すための身代金を要求するランサムウェアやサイバーキルチェーンなどの標的型サイバー攻撃が大きな脅威になっています。

---

215 SQL インジェクション（SQL injection）：SQL 言語の注入を意味します。
216 サイバーキルチェーン（Cyber Kill Chain）：情報資産を無能にする連鎖的攻撃の意味。

順位	個人	企業
	表14.1　代表的な脅威（IPA2023）	
1	フィッシングによる個人情報等の搾取	ランサムウェアによる被害
2	ネット上の被害・中傷・デマ	サプライチェンの弱点を悪用した攻撃
3	メールやSMS等を使った脅迫・詐欺の手口による金銭要求	攻撃型攻撃による機密情報の搾取
4	クレジットカード情報の不正利用	内部不正による情報漏えい
5	スマホ決済の不正利用	テレワーク等のニューノーマルな働き方を狙った攻撃

14.2.2　脆弱性

　脆弱性とは、コンピュータシステムが、セキュリティ上の欠陥から人的な脅威や技術的な脅威、物理的な脅威を受け入れてしまうことです。このような欠陥をセキュリティホールと呼んでいます。実際に、コンピュータシステムが、ウイルスや不正アクセスを許してしまうことは、たびたび発生しています。これらの事故（インシデント）を極力排除し、コンピュータシステムの安全を守るためには、さまざまな脅威を分析し、そのための対策をしっかり立てていく必要があります。

14.3　ウイルス

　インターネットに接続した企業内システムや個人のパソコンで、外部とプログラムやデータのやり取りをすることが欠かせません。その分、外部からウイルスが侵入する可能性が高くなっています。**ウイルス**とは、正常なプログラムやデータに対し、故意に障害を発生させるソフトウェアのことです。ウイルスは、いろいろな形で、正常に稼動しているコンピュータシステムに侵入し、プログラムやデータを破壊します。

14.3.1　ウイルスの種類

　ウイルスには、自己伝染機能、潜伏機能、発病機能をもったものがあります。**自己伝染機能**とは、正常に稼動しているプログラムにウイルス自身をコピーすることで、正常プログラムを悪性プログラムに変えてしまうことです。**潜伏機能**とは、ウイルスによる障害機能を、特定時刻や一定時間あるいは処理回数などの条件を満たすまで潜伏させておき、条件を満たしたときに発病させることです。**発病機能**とは、プログラムやデータを破壊したり、画面に業務とは関係のない無意味な情報を表示したりすることです。ウイルスは、これらの機能を

1 つ以上もっています。

14.3.2　代表的なウイルス

代表的なウイルスを表 14.2 に示します。

表 14.2　代表的なウイルス

種類	特徴
ランサムウェア	コンピュータをロックしたり、ファイルデータを暗号化して読めなくする。元に戻すために身代金を要求する。
スパイウェア	コンピュータの内部からインターネット上に個人情報などを送り出すソフトウェア。
トロイの木馬	ユーザに正規のプログラムと騙し、実行させてデータの盗用や破壊を行うソフトウェア。
ファイル交換	ネットワーク上のコンピュータ同士でファイル交換を可能にするソフトウェア。悪用されると情報漏洩につながる。
キーロガー	キーボードから入力されるデータを記録するプログラム。ユーザ ID やパスワードを盗み取る。
マクロウイルス	文書作成ソフトや表計算ソフトで使用するマクロにウイルスを埋め込み、それらのファイルを開くことでウイルスに感染させる。
SPAM	不特定多数のユーザに大量の広告や詐欺メールを送ること。

14.3.3　ウイルスの感染経路

ウイルスはいろいろな経路で侵入してきます。一般的なのは、電子メールの添付ファイルやインターネットのウェブページの閲覧、外部からのファイル（USB 記憶装置）の持込などから感染します。

14.4　情報セキュリティ対策の立案

前節で見てきたように、コンピュータシステムは種々の脅威にさらされています。悪意を持ったサイバー攻撃やウイルスに対して、あるいは、地震、火事などの自然災害や人間の誤操作などに対して、貴重な情報資産であるデータやプログラムの安全を守るための情報セキュリティ対策が必要になります。対策を立案するためには、企業ではまず、**情報セキュリティマネジメントシステム**（**ISMS**: Information Security Management System）を確立し、情報セキュリティに対する基本方針、対策基準、実施手順の設定が必要になります。

14.4.1　立案の手順

(1) 基本方針

　企業における**情報セキュリティ対策**を立てるためには、まず、企業内の全組織が統一して守る必要のある**基本方針（ポリシ）**を明確にする必要があります。基本方針は、大局的な視点から、なぜ情報資産を守る必要があるかを明確にし、自社の事業内容、組織の特性、所有する情報資産（データやソフトウェアなど）の特徴を考慮して策定する必要があります。それにそって、守るための管理体制、順守義務、教育体制などの方針を設定します。方針の決定には、企業経営に直接携わる経営者が責任をもつ必要があります。

(2) 対策基準

　ポリシにそって、守るべき情報資産を明確にし、予想される脅威からどのように守るかの基準を設定します。

(3) 実施手順

　対策基準で設定された内容を具体的にどのように進めていくか、その手順を設定します。

　情報セキュリティ対策は、最初に企業としての基本方針を設定し、それに準拠した内容で、対策基準、実施手順を設定していく必要があります。基本方針なくして、部門ごとに対策基準や実施手順を設定するのは混乱の原因になります（図 14.1）。

　なお、情報システムに対する脅威は、年々新たなものが出現しているため、一度設定された対策でも、その都度見直していく必要があります。かつて、日本の品質管理が世界で評価された原因になった計画（Plan）、実施（Do）、評価（Check）、改善（Action）の**PDCA サイクル**を情報セキュリティ対策にも適用していくことが重要です。

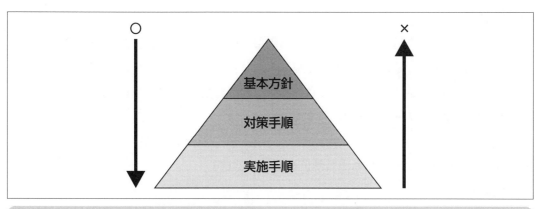

図 14.1　情報セキュリティの立案

14.4.2　リスクマネジメント

(1) リスクの明確化と対策の優先順位設定（リスクアセスメント）

　情報セキュリティ対策を立てる場合、まず、考えられる脅威に対してどのような資産にどのようなリスクが発生するのかを明確にする必要があります（**リスク特定**）。次に、特定したリスクに対して、それが発生する可能性、発生したときの損害の大きさなどを分析（**リスク分析**）し、重要度に応じたセキュリティ対策の優先順位を設定します（**リスク評価**）。

　このような作業を**リスクアセスメント**といいます。

(2) リスクへの対応策

　リスク評価によって優先順位が設定されたリスクに対して、実際にそれぞれのリスクが発生した場合、どのように対応するかを明確にしておく必要があります。対策としては、対象の情報資産をインターネットに接続しない**リスク回避**、資産を複数に分散させる**リスク軽減**、サイバー保険に加入する**リスク転嫁**などの方法があります。サイバー保険に加入すれば、企業がサイバー攻撃を受けた際に、原因調査やシステム復旧の費用、被害企業への損害賠償が保証されます。

　また、リスクがあまり大きくない場合は、特に対応策を立てず、**リスク受容**（保有）することもあります。

14.4.3　情報セキュリティの 3 要素

　いろいろな脅威に対してセキュリティの観点から情報資産を保護するには、機密性、完全性、可用性が保たれることが必要です。

(1) 機密性

　機密性とは、その情報を正当に必要とする者にだけアクセス権限を与え、他の者にはアクセスできないようにして、不当に情報が見られたり、漏れたりしないようにすることです。

　機密性を保つ必要がある情報としては、新製品の開発情報、顧客情報、個人情報、その情報を得るためのパスワードなどがあります。

　機密性を高めるには、アクセス権限の設定、容易に知られないパスワードの設定、機密データが保存されている USB の持ち出し禁止などが必要です。

(2) 完全性

　完全性とは、その情報の正確性が保持されることです。言うまでもなく、不正確な情報は、企業活動に支障を来たしたり、顧客に迷惑をかけたりすることになります。医療では、人命

にかかわることもあります。

　完全性を保持するためには、データの改ざんや損傷に備えてバックアップを定期的に行う、データのアクセス履歴、変更履歴を保存するなどの対策が必要です。

(3) 可用性

　可用性とは、アクセス権限をもった者が、必要なときに情報をいつでも使用できる状態に保つことです。可用性を高めるためには、不慮の事故に備えて、システムの二重化などが考えられます。

　このほかに、情報システムが常に正しい結果をもたらす信頼性、システムや使用者が偽物でないことを保証する真正性、システムや利用者の動作、行動を追跡して、異常発生時の責任を明らかにできる責任追跡性、異常発生時に事実を否認できないようにする否認防止性などを維持することがセキュリティ要素として追加されることがあります。

14.5　安全保護対策

・プログラムやデータの安全を保護する対策は、物理的なものと論理的なものに分けられる。

　プログラムやデータの安全を保護するために、いろいろな方法が実施されています。それらの方法を大別すると、物理的な方法と論理的な方法に分けることができます。

14.5.1　物理的な安全保護対策

　物理的な安全保護とは、物理的なものを使用した安全保護です。たとえば、プログラムやデータが保管されている部屋のカギをかけたり、コンピュータ室への入室時に本人しかもっていない IC カードを読み込ませたり、手のひら認証などの**生体認証**[217] で正規の担当者であることを確認することもあります。また、1 人の認証で認証されていない他者も一緒に入室する共連れを防ぐために、入室の記録がなければ退室させないといった管理に仕方もあります。このような管理を**アンチパスバック**と呼んでいます。

　プログラムやデータは、故意に盗用されたり、破壊されたりする可能性のほかに、火事や水害などの自然災害で破壊されることもあるので、火災探知機やスプリンクラーを設置して、安全を確保することも必要になります。

217　生体認証：指紋や静脈など個別の身体的特徴を認識、照合することで本人であることを確認します。**バイオメトリクス認証**ともいいます。銀行の ATM などでも利用されています。

　また、ハードウェアの機能を利用する方法もあります。データの保存されている磁気ディスクや光ディスクの書き込み禁止機能を利用すると、故意やミスによるデータの改ざんや破壊を防げます。

　これらの方法のほかに、データの**バックアップ**を取り、データが何らかの事情で破壊されたとき、バックアップを用いて元の状態に回復させることも行われます。バックアップの取り方は、一定期間ごとに定期的に取る方法や、プログラム実行時に同じデータを2つのデータベースに同時に書き込んでいく**ミラーリング**と呼ばれる方法などがあります。被害の度合いが大きいランサムウェアへの対策としても重要です。

14.5.2　論理的な安全保護対策

　論理的な安全保護とは、プログラムやデータの利用面から配慮した安全保護です。プログラムやデータを利用する際に、正しい利用者か不正な利用者かを識別する方法を設定したり、本人であることを確認したりします。また、データをアクセスするときに、許可された範囲内でアクセスしているかどうかをチェックして、不正なアクセスが行われないように監視します。さらに、データベースのデータの整合性を管理し、データベースのデータが常に正しい状態に保たれるようにします。データの整合性は、データベース管理システム（第11章）が管理します。

(1) 正しい利用者の識別

　正しい**利用者の識別コード（利用者 ID）**を、あらかじめシステムに登録しておき、システムにログインするときに、正しい利用者 ID を入力させ、それを識別させます。

(2) 本人であることの確認

　正しい利用者 ID を本人ではなく、他人が使用すれば、不正なアクセスが行われる可能性が出てきます。そのため、本人であることを確認する必要があります。確認する方法として、本人しか知らない**暗証番号（パスワード）**を設定し、システム使用時に利用者 ID とともに入力させ、本人であることを確認します。

(3) 二段階認証

　利用者 ID とパスワードの両方が盗まれる事故も多発しているため、本人であることを二段階で認証することも行われています。二段階認証の例としては、ワンタイムパスワードや確認コード送付などがあります。**ワンタイムパスワード**とは、あらかじめ、本人に一度だけ使用するパスワードを表示する機器を渡しておき、そのパスワードを入力することで、本人であることを確認します。**確認コード**方式は、本人の PC やスマホに確認コードを送り、そ

れを入力させることで本人であることを確認します。

(4) アクセスの許可

　データベースのデータに対して、正しい使い方がされているかどうかをチェックするために、データベースの利用者に、あらかじめ権限を付与し、その権限外のアクセスができないように、システムをコントロールします。

　権限付与は、データベースのファイル（表）データに対し、参照、更新、追加、削除ごとに行います。権限付与は、関係データベースでは、SQL（第 10 章）を用いて行う[218] ことによって、データベースに対する不正なアクセスを防ぎます。

　全保護対策をまとめると表 14.3 のようになります。

表 14.3　安全保護対策のまとめ

タイプ	方法	機能
物理的	部屋にカギ、生体認証	不正侵入者防御、IC カード、手のひら認証、アンチパスバック
	火災探知機、スプリンクラー設置	火災対策
	補助記憶装置の書き込み禁止機能	故意、ミスによるデータの破壊防御
	バックアップ	障害回復、ランサムウェア対策
論理的	利用者 ID	正しい利用者の識別
	パスワード	本人であることの確認、二段階認証（ワンタイムパスワード、確認コード）
	権限付与	アクセスの許可

14.5.3　ネットワークの安全保護

　従来、企業内システムは、それ独自で独立した存在でしたが、インターネットの普及に伴い、外部のシステムとネットワークを介して接続されることが普通になっています。そのため、外部からの不正侵入によるデータの漏洩や改ざん、破壊に対する安全保護対策が必要になります。

　この対策として、不正な侵入そのものを防ぐ方法と、侵入してきたウイルスを検知、駆除する方法があります。対策として有効なのは、なんといっても、不正な侵入そのものを防ぐという予防措置です。この方法としては、ファイアウォールやプロキシサーバの設置が必要

218　例として、「人事」表のデータを「参照する」権限を利用者 ID「ユーザ 1」に付与するには、次のような SQL で行います。GRANT SELECT ON 人事 TO ユーザ 1 この場合、参照権限は付与されますが、その他の更新、追加、削除のアクセスはできないことになります。

になります。また、フィルタリング機能を持ったソフトウェアによってウイルスで代表されるマルウェアの検知、削除が可能です。

(1) ファイアウォール

ファイアウォール[219] は、企業内ネットワークとインターネットの接続点に設置され、外部からの不正アクセスを防御するとともに、外部に公開する Web サーバやメールサーバを設置するための **DMZ**[220] の構築に寄与します。DMZ とは、企業ネットワークとインターネットの中間に設置されるシステムで、**非武装地帯**と呼ばれています。DMZ を設置することで、企業内システムを外部インターネットと直接接続することを防ぎ、企業内システムを守りまる。

　外部からの不正アクセスに対する防御の方法として、フィルタリング機能を用います。**フィルタリング機能**とは、正常なデータと有害なデータをフィルタにかけ、正常なデータだけを通し、有害データを遮断する機能です。ファイアウォールでは、特に、**パケットフィルタリング機能**を使用します。インターネットでのデータ送信は、パケットと呼ばれる小さなグループに分割して送ります。個々のパケットには送信先を示す IP アドレスやポート番号（アプリケーション番号）が付加されています。ファイアウォールにあらかじめ、正常な IP アドレスとポート番号を記憶させておき、正常なものだけを通し、それ以外のデータは遮断して有害データの侵入を防ぎます。

(2) ルータ

　LAN システムとインターネットを接続するルータもパケットフィルタリング機能を持っています。ただ、ファイアウォールとは異なり、不正なパケットをあらかじめ記憶しておき、そのパケットだけを遮断します。

(3) プロキシサーバ

プロキシサーバ[221] は、企業 LAN システムとインターネットの中間にある DMZ に設置され、両者が直接接続されるために発生するリスクを防ぎます。インターネットとの直接のやり取りはプロキシサーバが企業システムの代わりに行い、不正アクセスを検証し、正規のアクセスだけを通し、企業システムを守ります。プロキシサーバを介することによって、ファイアウォールとともに、企業 LAN 内のコンピュータの IP アドレスを外部に知られないようにすることができます。

　図 14.2 は、ウイルス侵入予防体制を示しています。

219　ファイアウォール（Fire Wall）：防火壁。ウイルスの侵入を防ぎます。
220　DMZ（DeMilitarized Zone）
221　プロキシサーバ（Proxy Server）：代理のコンピュータ。

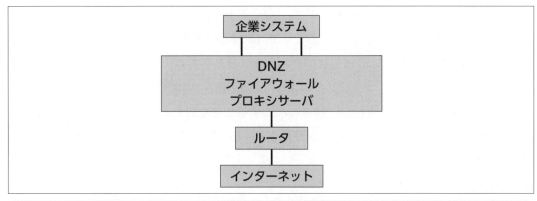

図 14.2　ウイルス遮断対策

(4) セキュリティソフト

　ファイアウォールやプロキシサーバに加えて、ソフトウェアでウイルスを検知、駆除することができます。また、有害 Web ページの URL などを記憶しておき、その URL にアクセスしてもその画面を表示させない [222] などの方法もあります。Windows や Google などの OS は、通常、これらの機能をもっていますが、セキュリティ機能に特化したソフトウェアもあります。

　セキュリティソフトの基本的な機能はウイルスに代表されるマルウェアを検知、駆除することです。セキュリティソフトは、既知のウイルスをファイルに登録しておき、それを参照しながら、ウイルスに感染していないかを調べます。感染していれば、それを駆除します。また、フィッシング詐欺の Web サイトに知らずにアクセスしようとしたときに、それを遮断したり、SPM などの迷惑メールをブロックしたりします。

　セキュリティソフトは、侵入予防の機能も持っています。新規購入プログラムの導入時に、そのプログラムにウイルスが侵入しているかどうかをチェックし、ウイルスが見つかれば駆除してくれます。

　ただ、最近は、ウイルスファイルに登録されていない新種のウイルスがどんどん発生し、これらに対応できるよう、セキュリティソフトも随時更新されています。そのため、一度導入したセキュリティソフトも常に更新する必要があります。

(5) 無線 LAN のセキュリティ

　無線 LAN は、ケーブルではなく、電波を使用するため、傍受される可能性が高まります。その分、セキュリティに配慮する必要があります。無線 LAN のセキュリティ対策としては、

222　**コンテンツフィルタリング機能**といいます。

MAC アドレスフィルタリングがあります。**MAC アドレスフィルタリング**は、無線 LAN の
アクセスポイントに接続してよい PC などの端末の MAC アドレスを登録しておき、登録さ
れていない端末からの接続は許可しないという方法をとります。

　また、MAC アドレスフィルタリングのような認証機能に加えて、無線 LAN で使用する電
波そのものを暗号化して、情報が盗聴されなくすることも行われます。電波の暗号化には、
プロトコルとして WPA [223]2、WPA3 が使用され、IoT デバイスなどのセキュリティ強化に
利用されています。

(6) ブロックチェーン

　インターネットを利用して、企業が取引データを処理する場合、ネット上の複数のコン
ピュータに同じデータを保持させ、各コンピュータが互いにデータの正当性を検証して担保
することによって、矛盾なくデータを改ざんすることを防ぐ技術をブロックチェーンと呼ん
でいます。

　ブロックチェーンは、分散台帳を実現したものであり、暗号資産の基礎技術として利用さ
れています。

(7) クレジットカードのセキュリティ

　キャッシュレス社会の実現を目指して、クレジットカードが広く利用されています。それ
に伴ってクレジットカードの情報を不正に入手し、悪用するケースも多発しています。

　それを防ぐために、クレジットカード情報を取り扱う事業者に求められるセキュリティ基
準が定められています。この基準を**PCI DSS**[224] と呼んでいます。PCI DSS では、カード会員
の安全保護のために、ファイアウォールなどを設置した安全なネットワークシステムの構築、
カード情報をネットで伝送するときの暗号化、ウイルス対策ソフトの導入、更新などを定め
ています。

14.5.4　暗号化技術

　インターネット上のデータが盗用され、なりすましなどの犯罪に使用される可能性があり
ます。このような犯罪行為を防ぐために、通常、インターネット上では、データを暗号化し
て送ります。暗号化は、次のような手順で行います（図 14.3）。

①　データの送信側が**平文**を**暗号鍵**で**暗号文**に変える。

②　ネットワークを介して暗号文を受信側に送る。

223　WPA（Wi-Fi Protected Access）
224　PCI DSS（Payment Card Industry Data Security Standaard）

③　受信側は**複合鍵**を用いて暗号文を平文に戻す[225]。

図14.3　暗号化の仕組み

　暗号化の方式は、送信側と受信側が使用する鍵の種類によって共通鍵暗号方式と公開鍵暗号方式に分けられます。

(1) 共通鍵暗号方式

　共通鍵暗号方式では、暗号鍵と複合鍵は同じものを使用します。第三者に対して鍵は秘密にしておきます。そのため、**秘密鍵暗号方式**ともいいます。送信側と受信側が1対1でデータのやり取りを行い、第三者に知られたくないときに使用します。

(2) 公開鍵暗号方式

　公開鍵暗号方式では、暗号鍵と複合鍵は異なるものを使用します。その場合、暗号鍵は公開し、複合鍵は秘密にしておきます。

　暗号鍵は公開されるので、送信側の誰でも使用できます。複合鍵は受信側だけしかわからないようにしておきます。

　この方式は、特定の企業が多数の顧客を相手に行うオンラインショッピングなどに適しています[226]。

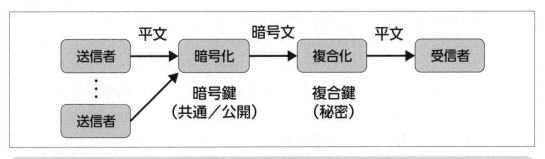

図14.4　公開鍵暗号方式

225　平文：元のデータ。暗号文：暗号化されたデータ。**暗号化**：平文を暗号文に変換。**複合化**：暗号文を平文に戻す。暗号鍵：平文を暗号文に変えるための鍵。複合鍵：暗号文を平文に戻すための鍵。

226　オンラインショッピングでは、多くの顧客は公開された共通の暗号鍵を使用して暗号化された注文データを販売会社に送ります。そのデータは販売会社だけが秘密の複合鍵を使用して平文に戻すことができます。第三者は、複合鍵がわからないので盗み見することはできません。この方式では、すべての顧客に対して1つの共通の暗号鍵だけで処理できることになります。共通鍵方式を使用すれば、顧客の数だけの暗号鍵が必要になり、現実的ではありません。

(3) デジタル署名

　デジタル署名（電子署名）は、送信者が本人であることを証明します。デジタル署名を用いることにより、第三者が当事者になりすまし、通信相手をだます「なりすまし」犯罪を防ぐことができます。

　デジタル署名では、公開鍵暗号方式を用います。ただ、送信側が秘密鍵、受信側が公開鍵を使用します。一般的な公開鍵方式とは、公開鍵と秘密鍵の使用が逆になっています。正当な送信者が、本人しか知らない秘密鍵を使用して、送信データとともに、本人情報を暗号化して送ります。受信者は、送信者からの公開鍵（秘密鍵と対）を用いて複合化し、正当な送信者を確認します。なりすましを防ぐには、送信者が正当な本人であることを確認できれば目的は達成されます。送信者が正当な本人であることの証明は、送受信者だけが知っている秘密鍵を使用する共通鍵方式でも可能ですが、受信者が多い場合は受信者数だけの秘密鍵が必要になり、現実的ではありません。

COLUMN

チャットGPT

　AI技術の進化により、対話型生成AIが実用化されています。アメリカの企業「オープンAI」が2022年に無料公開した"チャットGPT※"は、世界で1億人以上が利用していると報道されています。

　対話型の生成AIは、技術的には、GPU（Graphics Processing Unit）という高度な画像処理用プロセッサを用いて、現在使用されているプロセッサの数百倍～数千倍の処理能力を利用して、大量の情報を蓄えることを可能にしています。

　結果として、さまざまな質問に応じて自然な文章を作成してくれますので、大変便利で、実用性も高いツールです。ただ、安易に使用すると問題になることもあります。たとえば、学生が宿題として出された課題のレポートを作成する場合に、チャットAIに質問し、AIが作成した文章をそのまま提出すれば、自分で考える力や文章を書き上げる力を放棄したことになります。また、企業の機密情報をAIに書き込んでいれば、その情報をAIが学び、外部に漏えいしてしまう危険性もあります。このようなことを防ぐため大学や企業は、対策に乗り出しています。たとえば、学生に出す課題をAIがどう答えるかを教師が事前にチェックし、それと同じ文章のレポートは認めないとか、学生に無制限なAI利用をしないように喚起するなどの対策を講じている大学もあります。

※ GPT（Generative Pretrained Transformer）

この章のまとめ

1　情報化社会の重要な資産である情報は、安全に保護する必要がある。

2　プログラムやデータは、いろいろな脅威にさらされている。

　　人的脅威：ソーシャルエンジニアリング

　　技術的脅威：サイバー攻撃、ウイルス

　　物理的脅威：自然災害、人的破壊

3　情報資産は、機密性、完全性、可用性を高める必要がある。

4　脅威に対する情報資産のリスク分析、防御対策が必要である

5　インターネットに対する安全保護対策として、ファイアウォール、プロキシサーバ、セキュリティソフトウェアの導入が考えられる。

6　プログラムやデータの安全を保護する対策は、物理的なものと論理的なものに分けられる。

　　物理的対策：施錠、生体認証、データの書き込み禁止、バックアップ

　　論理的対策：利用者 ID、パスワード、アクセス権限

7　インターネット上のデータが盗用されないようにするために、データの暗号化が必要である。

8　暗号化技術として、共通鍵暗号方式、公開鍵暗号方式、デジタル署名などがある。

　　共通鍵暗号方式：同一の暗号鍵（秘密）と複合鍵（秘密）（1 対 1 の通信）

　　公開鍵暗号方式：異なる暗号鍵（公開）と複合鍵（秘密）（多対 1 の通信）

　　デジタル署名：送信者が本人であることの確認、送信者の暗号鍵（秘密）と受信者の複合鍵（公開）（1 対多の通信）

|練|習|問|題|

問題1　パスワードに関する取り扱いとして、適切なものを1つあげなさい。

　　ア　パスワードは、忘れないように、自分の生年月日や1234といったすぐ思い出せるものを設定するのが望ましい。

　　イ　パスワードは、混乱をまねかないように、一度設定したら、できるだけ変更しないようにする。

　　ウ　パスワードは、忘れるとシステムが使えなくなるので、手帳などに書いておくよう心がけることが大切である。

　　エ　パスワードは有効期限を設定し、適時変更することが望ましい。

問題2　コンピュータウイルスに関する次の記述の中から適切なものを1つ選びなさい。

　　ア　ウイルスは、インターネット経由で感染するので、インターネットに接続していないパソコンが感染することはない。

　　イ　ネットワークを介して入手した第三者のプログラムは、ウイルス対策ソフトでウイルスのないことを確認してから動作させるべきである。

　　ウ　電子メールに添付されている文書ファイルが感染経路になることはない。

　　エ　ウイルスは、外部からのプログラムの持込時に侵入するので、インターネットのウェブページの閲覧で、ウイルスに感染することはない。

問題3　次の文章の空欄に適切な用語を入れなさい。

　（1）　プログラムやデータを破壊してしまうような悪意を持ったソフトウェアを総称して（　a　）という。（　a　）の代表的なものとして（　b　）がある。

　（2）　共通鍵暗号方式は、同じ（　c　）と（　d　）を使用し、ともに（　e　）にしておく。（　f　）は、異なる暗号鍵と複合鍵を使用し、一方を（　g　）、他方を（　h　）にする。

第 15 章

総合演習

教師：最終回は、いままで説明してきたことが十分理解できてい
　　　るかどうかを確認するために、総合演習を行おう。

学生：できるかなあ。

教師：情報技術者の国家試験があるのは知っているだろう。

学生：知っていますよ。何か資格を取っておいたほうが、就職試
　　　験に有利になると思うので、調べました。まずは、IT パス
　　　ポート試験に挑戦してみようかな。

教師：この科目の内容は、基本的に、IT パスポート試験のシラバスのテク
　　　ノロジー系にそっているので、この総合演習ができれば、かなり自信
　　　が持てると思うよ。

学生：じゃ、頑張ってみよう。

この章で学ぶこと

1　第 1 章から第 14 章までに学んだことが理解できたことを確認する。

2　情報技術者の国家試験であるパスポート試験に挑戦する準備をする。

15.1 情報処理技術者試験

　情報処理技術者試験は、経済産業省が情報処理技術者としての「知識・能力」の水準がある程度以上であることを認定している国家試験です。情報システムを構築・運用する「技術者」から情報システムを利用する利用者まで、IT に関係するすべての人を対象にした試験です。

　試験の目的は、

　　① 情報処理技術者に目標を示し、情報処理技術の向上を図ること

　　② 情報技術を利用する企業、官庁などが情報処理技術者の採用を行う際に役立つ客観的な評価尺度を提供すること

　　③ それを通じて情報処理技術者の社会的地位の確立を図ること

などが挙げられています。

　試験は、基礎から高度な技術まで、技術のレベルや職種によっていろいろなものが用意されています。たとえば、技術レベルを基礎から高度にそって 1 ～ 4 までに分け、レベルごとに次のような試験が用意されています。

　　レベル 1：「IT パスポート試験」

　　レベル 2：「基本情報技術者試験」

　　レベル 3：「応用情報技術者試験」

　　レベル 4：「データベーススペシャリスト試験」「プロジェクトマネージャ試験」など

　このうち、レベル 1 の「IT パスポート試験」は、平成 21 年度から新設されたものです。それまでは「初級システムアドミニストレータ試験」（平成 21 年度秋期から廃止）として、初めて IT を学ぶ学生に、特に親しまれてきました。他の試験に比べて合格率も高く、毎年多くの受験者で賑わっている試験です。

　このテキストで扱っている内容は、基本的に「IT パスポート試験」の出題範囲を規定しているシラバスに準拠しており、第 1 章から第 14 章までを学ぶことにより、シラバスのテクノロジー系で要求していることをほぼカバーしています。

　この章では、「IT パスポート試験」で出題された試験問題のうち、特に、このテキストの内容に関連しているものを抜粋し、載せてあります。最近は、インターネットや情報セキュリティに関連する問題が多く出題されています。本書でもそれらに関連する問題を多く選択してあります。学習成果を確認する意味からも、ぜひ挑戦してみてください。

　なお、情報処理技術者試験の詳細に関しては、インターネットにより、情報処理推進機構（IPA）のホームページで参照することができます。

15.2 総合演習

問題1 （令和3年 問57）[227]

CPU、主記憶、HDDなどのコンピュータを構成する要素を1枚の基板上に実装し、複数枚の基板をラック内部に搭載するなどの形態がある、省スペース化を実現しているサーバを何と呼ぶか。

　　ア　DNSサーバ　　　　　イ　FTPサーバ
　　ウ　Webサーバ　　　　　エ　ブレードサーバ

問題2 （令和4年 問94）[228]

インクジェットプリンタの印字方式を説明したものはどれか。

　　ア　インクの微細な粒子を用紙に直接吹き付けて印字する。
　　イ　インクリボンを印字用のワイヤなどで用紙に打ち付けて印字する。
　　ウ　熱で溶けるインクを印字ヘッドで加熱して用紙に印字する。
　　エ　レーザ光によって感光体にトナーを付着させて用紙に印字する。

問題3 （令和3年 問64）[229]

CPU内部にある高速小容量の記憶回路であり、演算や制御に関わるデータを一時的に記憶するのに用いられるものはどれか。

　　ア　GPU　　　　　　イ　SSD　　　　　ウ　主記憶　　　　　エ　レジスタ

問題4 （令和3年 問66）[230]

RGBの各色の階調を、それぞれ3桁の2進数で表す場合、混色によって表すことができる色は何通りか。

　　ア　8　　　　　　　イ　24　　　　　　ウ　256　　　　　エ　512

問題5 （令和3年 問90）[231]

CPUのクロックに関する説明のうち、適切なものはどれか。

227　第2章　1.3.3　参照
228　第2章　2.3.2-(1)-(a)　参照
229　第3章　3.2.1-(3)　参照
230　第5章　5.4.1-(1)　参照
231　第6章　6.1.2-(1)　参照

　ア　USB 接続された周辺機器と CPU の間のデータ転送速度は、クロックの周波数によって決まる。

　イ　クロックの間隔が短いほど命令実行に時間が掛かる。

　ウ　クロックは、次に実行すべき命令の格納位置を記録する。

　エ　クロックは、命令実行のタイミングを調整する。

問題 6　（令和 4 年　問 81）[232]

　CPU の性能に関する記述のうち、適切なものはどれか。

　ア　32 ビット CPU と 64 ビット CPU では、64 ビット CPU の方が一度に処理するデータ長を大きくできる。

　イ　CPU 内のキャッシュメモリの容量は、少ないほど CPU の処理速度が向上する。

　ウ　同じ構造の CPU において、クロック周波数を下げると処理速度が向上する。

　エ　デュアルコア CPU とクアッドコア CPU では、デュアルコア CPU の方が同時に実行する処理の数を多くできる。

問題 7　（令和 3 年　問 89）[233]

　情報の表現方法に関する次の記述中の a ～ c に入れる字句の組合せはどれか。

情報を、連続する可変な物理量（長さ、角度、電圧など）で表したものを　a　データといい、離散的な数値で表したものを　b　データという。音楽や楽曲などの配布に利用される CD は、情報を　c　データとして格納する光ディスク媒体の 1 つである。

	a	b	c
ア	アナログ	ディジタル	アナログ
イ	アナログ	ディジタル	ディジタル
ウ	ディジタル	アナログ	アナログ
エ	ディジタル	アナログ	ディジタル

問題 8　（令和 4 年　問 90）[234]

　ディレクトリ又はファイルがノードに対応する木構造で表現できるファイルシステムがある。ルートディレクトリを根として図のように表現したとき、中間ノードである節及び末端

232　第 6 章　6.2.2-(3)　参照
233　第 5 章　5.4.1 および第 7 章　7.3.1 参照
234　第 9 章　9.2.4-(2)　参照

ノードである葉に対応するものの組合せとして、最も適切なものはどれか。ここで、空のディレクトリを許すものとする。

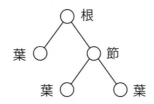

	節	葉
ア	ディレクトリ	ディレクトリ又はファイル
イ	ディレクトリ	ファイル
ウ	ファイル	ディレクトリ又はファイル
エ	ファイル	ディレクトリ

問題 9　（令和 4 年　問 99）[235]

1 台の物理的なコンピュータ上で、複数の仮想サーバを同時に動作させることによって得られる効果に関する記述 a ～ c のうち、適切なものだけを全て挙げたものはどれか。

　　a　仮想サーバ上で、それぞれ異なるバージョンの OS を動作させることができ、物理的なコンピュータのリソースを有効活用できる。

　　b　仮想サーバの数だけ、物理的なコンピュータを増やしたときと同じ処理能力を得られる。

　　c　物理的なコンピュータがもつ HDD の容量と同じ容量のデータを、全ての仮想サーバで同時に記録できる。

　ア　a　　　　　イ　a、c　　　　　ウ　b　　　　　エ　c

問題 10　（令和 4 年　問 63）[236]

スマートフォンやタブレットなどの携帯端末に用いられている、OSS (Open Source Software) である OS はどれか。

　ア　Android　　　　　イ　iOS　　　　ウ　Safari　　　　エ　Windows

235　第 9 章　9.2.2-(2)　参照
236　第 10 章　10.2.3　参照

問題 11 （令和4年　問67）[237]

ディープラーニングに関する記述として、最も適切なものはどれか。

ア　インターネット上に提示された教材を使って、距離や時間の制約を受けることなく、習熟度に応じて学習をする方法である。

イ　コンピュータが大量のデータを分析し、ニューラルネットワークを用いて自ら規則性を見つけ出し、推論や判断を行う。

ウ　体系的に分類された特定分野の専門的な知識から、適切な回答を提供する。

エ　一人一人の習熟度、理解に応じて、問題の難易度や必要とする知識、スキルを推定する。

問題 12 （令和4年　問79）[238]

流れ図で示す処理を終了したとき、x の値はどれか。

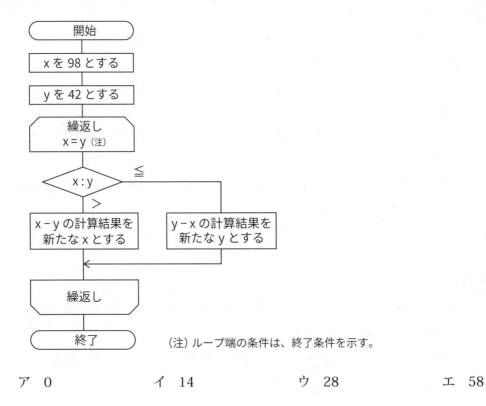

(注) ループ端の条件は、終了条件を示す。

ア　0　　　　　　イ　14　　　　　　ウ　28　　　　　　エ　58

237　第10章　10.3.1-(2)-(c)　参照
238　第10章　10.3.3　参照

問題 13　（令和3年　問70）[239]

　条件①〜④を全て満たすとき、出版社と著者と本の関係を示すE-R図はどれか。ここで、E-R図の表記法は次のとおりとする。

〔表記法〕

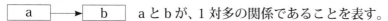

aとbが、1対多の関係であることを表す。

〔条件〕

　　① 出版社は、複数の著者と契約している。

　　② 著者は、一つの出版社とだけ契約している。

　　③ 著者は、複数の本を書いている。

　　④ 1冊の本は、1人の著者が書いている。

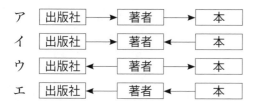

問題 14　（令和4年　問83）[240]

　データを行と列から成る表形式で表すデータベースのモデルはどれか。

　　ア　オブジェクトモデル　　　　　イ　階層モデル

　　ウ　関係モデル　　　　　　　　　エ　ネットワークモデル

問題 15　（令和4年　問65）[241]

　条件①〜⑤によって、関係データベースで管理する"従業員"表と"部門"表を作成した。"従業員"表の主キーとして、最も適切なものはどれか。

〔条件〕

　　① 各従業員は重複のない従業員番号を一つもつ。

　　② 同姓同名の従業員がいてもよい。

　　③ 各部門は重複のない部門コードを一つもつ。

239　第11章　11.2.1　参照
240　第11章　11.3.1　参照
241　第11章　11.3.3　参照

④ 一つの部門には複数名の従業員が所属する。

⑤ 1 人の従業員が所属する部門は一つだけである。

従業員

従業員番号	従業員名	部門コート	生年月日	住所

部門

従業コード	部門名	所在地

ア "従業員番号"　　　　　　　イ "従業員番号" と "部門コード"

ウ "従業員名"　　　　　　　　エ "部門コード"

問題 16 （令和 4 年 問 98）[242]

関係データベースで管理している "従業員" 表から、氏名の列だけを取り出す操作を何というか。

従業員

従業員番号	氏名	所属コード
H001	試験花子	G02
H002	情報太郎	G01
H003	高度次郎	G03
H004	午前桜子	G03
H005	午後三郎	G02

ア 結合　　　　　　イ 射影　　　　　　ウ 選択　　　　　　エ 和

問題 17 （令和 3 年 問 95）[243]

関係データベースで管理された "商品" 表、"売上" 表から売上日が 5 月中で、かつ、商品ごとの合計額が 20,000 円以上になっている商品だけを全て挙げたものはどれか。

商品

商品コード	商品名	単価（円）
0001	商品 A	2,000
0002	商品 B	4,000
0003	商品 C	7,000
0004	商品 D	10,000

242　第 11 章　11.3.5　参照
243　第 11 章　11.3.4　参照

売上

売上番号	商品コード	個数	売上日	配達日
Z0001	0004	3	4/30	5/2
Z0002	0001	3	4/30	5/3
Z0005	0003	3	5/15	5/17
Z0006	0001	5	5/15	5/18
Z0003	0002	3	5/5	5/18
Z0004	0001	4	5/10	5/20
Z0007	0002	3	5/30	6/2
Z0008	0003	1	6/8	6/10

ア　商品 A、商品 B、商品 C　　　　イ　商品 A、商品 B、商品 C、商品 D

ウ　商品 B、商品 C　　　　　　　　エ　商品 C

問題 18　（令和 3 年　問 75）[244]

情報システムに関する機能 a～d のうち、DBMS に備わるものを全て挙げたものはどれか。

　　a　アクセス権管理　　　　　b　障害回復

　　c　同時実行制御　　　　　　d　ファイアウォール

ア　a、b、c　　　　　イ　a、d　　　　　　ウ　b、c　　　　　エ　c、d

問題 19　（令和 3 年　問 62）[245]

　金融システムの口座振替では、振替元の口座からの出金処理と振替先の口座への入金処理について、両方の処理が実行されるか、両方とも実行されないかのどちらかであることを保証することによってデータベースの整合性を保っている。データベースに対するこのような一連の処理をトランザクションとして扱い、矛盾なく処理が完了したときに、データベースの更新内容を確定することを何というか。

　　ア　コミット　　　　　　　イ　スキーマ

　　ウ　ロールフォワード　　　エ　ロック

問題 20　（令和 4 年　問 62）[246]

アドホックネットワークの説明として、適切なものはどれか。

244　第 11 章　11.4　参照
245　第 11 章　11.4.1-(1)-(c)　参照
246　第 12 章　12.3.1-(1)-(c)　参照

ア　アクセスポイントを経由せず、端末同士が相互に通信を行う無線ネットワーク

イ　インターネット上に、セキュリティが保たれたプライベートな環境を実現するネットワーク

ウ　サーバと、そのサーバを利用する複数台の PC をつなぐ有線ネットワーク

エ　本店と支店など、遠く離れた拠点間を結ぶ広域ネットワーク

問題 21　（令和 4 年　問 73）[247]

膨大な数の IoT デバイスをインターネットに接続するために大量の IP アドレスが必要となり、IP アドレスの長さが 128 ビットで構成されているインターネットプロトコルを使用することにした。このプロトコルはどれか。

ア　IPv4　　　　　　　イ　IPv5　　　　　　　ウ　IPv6　　　　　　　エ　IPv8

問題 22　（令和 3 年　問 98）[248]

インターネットで用いるドメイン名に関する記述のうち、適切なものはどれか。

ア　ドメイン名には、アルファベット、数字、ハイフンを使うことができるが、漢字、平仮名を使うことはできない。

イ　ドメイン名は、Web サーバを指定するときの URL で使用されるものであり、電子メールアドレスには使用できない。

ウ　ドメイン名は、個人で取得することはできず、企業や団体だけが取得できる。

エ　ドメイン名は、接続先を人が識別しやすい文字列で表したものであり、IP アドレスの代わりに用いる。

問題 23　（令和 3 年　問 84）[249]

PC にメールソフトを新規にインストールした。その際に設定が必要となるプロトコルに該当するものはどれか。

ア　DNS　　　　　　　イ　FTP　　　　　　ウ　MIME　　　　　　エ　POP3

問題 24　（令和 3 年　問 59）[250]

A さんが、P さん、Q さん及び R さんの 3 人に電子メールを送信した。To の欄には P さ

247　第 13 章　13.2.1-(2)　参照
248　第 13 章　13.2.2　参照
249　第 13 章　13.4.1-(3)　参照
250　第 13 章　13.5.2-(1)-(b)　参照

んのメールアドレスを、Cc の欄には Q さんのメールアドレスを、Bcc の欄には R さんのメールアドレスをそれぞれ指定した。篭子メールを受け取った 3 人に関する記述として、適切なものはどれか。

ア　P さんと Q さんは、同じ内容のメールが R さんにも送信されていることを知ることができる。

イ　P さんは、同じ内容のメールが Q さんに送信されていることを知ることはできない。

ウ　Q さんは、同じ内容のメールが P さんにも送信されていることを知ることができる。

エ　R さんは、同じ内容のメールが P さんと Q さんに送信されていることを知ることはできない。

問題 25　（令和 3 年　問 83）[251]

多くのファイルの保存や保管のために、複数のファイルを 1 つにまとめることを何と呼ぶか。

ア　アーカイブ　　　　　　　イ　関係データベース
ウ　ストライピング　　　　　エ　スワッピング

問題 26　（令和 4 年　問 61）[252]

大学のキャンパス案内の Web ページ内に他の Web サービスが提供する地図清報を組み込んで表示するなど、公開されている Web ページや Web サービスを組み合わせて 1 つの新しいコンテンツを作成する手法を何と呼ぶか。

ア　シングルサインオン　　　イ　デジタルフォレンジックス
ウ　トークン　　　　　　　　エ　マッシュアップ

問題 27　（令和 3 年　問 72）[253]

IoT デバイスと IoT サーバで構成され、IoT デバイスが計測した外気温を IoT サーバへ送り、IoT サーバからの指示で窓を開閉するシステムがある。このシステムの IoT デバイスに搭載されて、窓を開閉する役割をもつものはどれか。

ア　アクチュエータ　　　　　イ　エッジコンピューティング
ウ　キャリアアグリゲーション　エ　センサ

251　第 13 章　13.5.2-(2)　参照
252　第 13 章　13.5.3　参照
253　第 13 章　13.6.2　参照

問題 28 （令和 4 年 問 97）[254]

水田の水位を計測することによって、水田の水門を自動的に開閉する IoT システムがある。図中の a、b に入れる字句の適切な組合せはどれか。

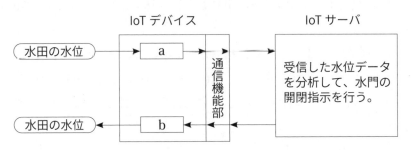

凡例 ──▶：データや信号の送信方向

	a	b
ア	アクチュエータ	IoT ゲートウェイ
イ	アクチュエータ	センサ
ウ	センサ	IoT ゲートウェイ
エ	センサ	アクチュエータ

問題 29 （令和 3 年 問 86）[255]

店内に設置した多数のネットワークカメラから得たデータを、インターネットを介して IoT サーバに送信し、顧客の行動を分析するシステムを構築する。このとき、IoT ゲートウェイを店舗内に配置し、映像解析処理を実行して映像から人物の座標データだけを抽出することによって、データ量を減らしてから送信するシステム形態をとった。このようなシステム形態を何と呼ぶか。

ア MDM　　　　　　　　　　　イ SDN
ウ エッジコンピューティング　　エ デュプレックスシステム

問題 30 （令和 3 年 問 92）[256]

IoT 機器からのデータ収集などを行う際の通信に用いられる、数十 km までの範囲で無線通信が可能な広域性と省電力性を備えるものはどれか。

ア BLE　　　　　イ LPWA　　　　　ウ MDM　　　　　エ MVNO

---

254 第 13 章 13.6.2 参照
255 第 13 章 13.6.3 参照
256 第 13 章 13.6.4 参照

問題 31 （令和 4 年　問 92）[257]

IoT エリアネットワークの通信などに利用される BLE は、Bluetooth4.0 で追加された仕様である。BLE に関する記述のうち、適切なものはどれか。

ア　Wi-Fi のアクセスポイントとも通信ができるようになった。

イ　一般的なボタン電池で、半年から数年間の連続動作が可能なほどに低消費電力である。

ウ　従来の規格である Bluetooth 3.0 以前と互換性がある。

エ　デバイスとの通信には、赤外線も使用できる。

問題 32 （令和 4 年　問 91）[258]

ソーシャルエンジニアリングに該当する行為の例はどれか。

ア　あらゆる文字の組合せを総当たりで機械的に入力することによって、パスワードを見つけ出す。

イ　肩越しに盗み見して入手したパスワードを利用し、他人になりすましてシステムを不正利用する。

ウ　標的のサーバに大量のリクエストを送りつけて過負荷状態にすることによって、サービスの提供を妨げる。

エ　プログラムで確保している記憶領域よりも長いデータを入力することによってバッファをあふれさせ、不正にプログラムを実行させる。

問題 33 （令和 4 年　問 95）[259]

攻撃対象とは別の Web サイトから盗み出すなどによって、不正に取得した大量の認証情報を流用し、標的とする Web サイトに不正に侵入を試みるものはどれか。

ア　DoS 攻撃　　　　　　　イ　SQL インジェクション
ウ　パスワードリスト攻撃　　エ　フィッシング

問題 34 （令和 3 年　問 56）[260]

インターネットにおいてドメイン名と IP アドレスの対応付けを行うサービスを提供しているサーバに保管されている管理情報を書き換えることによって、利用者を偽のサイトへ誘

257　第 13 章　13.6.5　参照
258　第 14 章　14.2.1-(1)　参照
259　第 14 章　14.2.1-(2)-(a)　参照
260　第 14 章　14.2.1-(2)-(a)　参照

導する攻撃はどれか。

ア　DDoS 攻撃　　　　　　　　イ　DNS キャッシュポイズニング

ウ　SQL インジェクション　　　エ　フィッシング

問題 35　（令和 3 年　問 94）[261]

特定の PC から重要情報を不正に入手するといった標的型攻撃に利用され、攻撃対象の PC に対して遠隔から操作を行って、ファイルの送受信やコマンドなどを実行させるものはどれか。

ア　RAT　　　　　　　　　　　イ　VPN

ウ　デバイスドライバ　　　　　エ　ランサムウェア

問題 36　（令和 4 年　問 69）[262]

サイバーキルチェーンの説明として、適切なものはどれか。

ア　情報システムへの攻撃段階を、偵察、攻撃、目的の実行などの複数のフェーズに分けてモデル化したもの

イ　ハブやスイッチなどの複数のネットワーク機器を数珠つなぎに接続していく接続方式

ウ　ブロックと呼ばれる幾つかの取引記録をまとめた単位を、1 つ前のブロックの内容を示すハッシュ値を設定して、鎖のようにつなぐ分散管理台帳技術

エ　本文中に他者への転送を促す文言が記述された迷惑な電子メールが、不特定多数を対象に、ネットワーク上で次々と転送されること

問題 37　（令和 4 年　問 85）[263]

情報セキュリティポリシを、基本方針、対策基準、実施手順の 3 つの文書で構成したとき、これらに関する説明のうち、適切なものはどれか。

ア　基本方針は、対策基準や実施手順を定めるためのトップマネジメントの意思を示したものである。

イ　実施手順は、基本方針と対策基準を定めるために実施した作業の手順を記録したものである。

261　第 14 章　14.2.1-(2)-(b)　参照
262　第 14 章　14.2.1-(2)-(b)　参照
263　第 14 章　14.4.1-(1)　参照

　ウ　対策基準は、ISMS に準拠しだ情報セキュリティポリシを策定するための文書の基準を示したものである。

　エ　対策基準は、情報セキュリティ事故が発生した後の対策を実施手順よりも詳しく記述したものである。

問題 38　（令和 3 年　問 96）[264]

情報セキュリティ方針に関する記述として、適切なものはどれか。

　ア　一度定めた内容は、運用が定着するまで変更してはいけない。

　イ　企業が目指す情報セキュリティの理想像を記載し、その理想像に近づくための活動を促す。

　ウ　企業の情報資産を保護するための重要な事項を記載しているので、社外に非公開として厳重に管理する。

　エ　自社の事業内容、組織の特性及び所有する情報資産の特徴を考慮して策定する。

問題 39　（令和 3 年　問 88）[265]

ISMS のリスクアセスメントにおいて、最初に行うものはどれか。

　ア　リスク対応　　　　　イ　リスク特定
　ウ　リスク評価　　　　　エ　リスク分析

問題 40　（令和 3 年　問 99）[266]

情報セキュリティのリスクマネジメントにおいて、リスク移転、リスク回避、リスク軽減、リスク保有などが分類に用いられることがある。これらに関する記述として、適切なものはどれか。

　ア　リスク対応において、リスクへの対応策を分類したものであり、リスクの顕在化に備えて保険を掛けることは、リスク移転に分類される。

　イ　リスク特定において、保有資産の使用目的を分類したものであり、マルウェア対策ソフトのような情報セキュリティ対策で使用される資産は、リスク低減に分類される。

　ウ　リスク評価において、リスクの評価方法を分類したものであり、管理対象の資産が

264　第 14 章　14.4.1-(1)　参照
265　第 14 章　14.4.2-(1)　参照
266　第 14 章　14.4.2-(2)　参照

もつリスクについて、それを回避することが可能かどうかで評価することは、リスク回避に分類される。

エ　リスク分析において、リスクの分析手法を分類したものであり、管理対象の資産がもつ脆弱性を客観的な数値で表す手法は、リスク保有に分類される。

問題 41　（令和 3 年　問 67）[267]

ISMS における情報セキュリティに関する次の記述中の a、b に入れる字句の適切な組合せはどれか。

情報セキュリティとは、情報の機密性、完全性及び　 a 　を維持することである。さらに、真正性、責任追跡性、否認防止、　 b 　などの特性を維持することを含める場合もある。

	a	b
ア	可用性	信頼性
イ	可用性	保守性
ウ	保全性	信頼性
エ	保全性	保守性

問題 42　（令和 4 年　問 72）[268]

情報セキュリティにおける機密性、完全性及び可用性と、①～③のインシデントによって損なわれたものとの組合せとして、適切なものはどれか。

① DDoS 攻撃によって、Web サイトがダウンした。

② キーボードの打ち間違いによって、不正確なデータが入力された。

③ PC がマルウェアに感染したことによって、個人情報が漏えいした。

	①	②	③
ア	可用性	完全性	機密性
イ	可用性	機密性	完全性
ウ	完全性	可用性	機密性
エ	完全性	機密性	可用性

問題 43　（令和 4 年　問 74）[269]

サーバ室など、セキュリティで保護された区画への入退室管理において、一人の認証で他

267　第 14 章　14.4.3　参照
268　第 14 章　14.4.3　参照
269　第 14 章　14.5.1　参照

者も一緒に入室する共連れの防止対策として、利用されるものはどれか。

　　ア　アンチパスバック　　　　イ　コールバック

　　ウ　シングルサインオン　　　エ　バックドア

問題44　（令和4年　問56）[270]

ランサムウェアによる損害を受けてしまった場合を想定して、その損害を軽減するための対策例として、適切なものはどれか。

　　ア　PC内の重要なファイルは、PCから取外し可能な外部記憶装置に定期的にバックアップしておく。

　　イ　Webサービスごとに、使用するIDやパスワードを異なるものにしておく。

　　ウ　マルウェア対策ソフトを用いてPC内の全ファイルの検査をしておく。

　　エ　無線LANを使用するときには、WPA2を用いて通信内容を暗号化しておく。

問題45　（令和3年　問69）[271]

バイオメトリクス認証における認証精度に関する次の記述中のa, bに入れる字句の適切な組合せはどれか。

バイオメトリクス認証において、誤って本人を拒否する確率を本人拒否率といい、誤って他人を受け入れる確率を他人受入率という。また、認証の装置又はアルゴリズムが生体情報を認識できない割合を未対応率という。

認証精度の設定において、　　a　　が低くなるように設定すると利便性が高まり、　　b　　が低くなるように設定すると安全性が高まる。

	a	b
ア	他人受入率	本人拒否率
イ	他人受入率	未対応率
ウ	本人拒否率	他人受入率
エ	未対応率	本人拒否率

問題46　（令和4年　問64）[272]

a～dのうち、ファイアウォールの設置によって実現できる事項として、適切なものだけを全て挙げたものはどれか。

270　第14章　14.5.1　参照
271　第14章　14.5.1　参照
272　第14章　14.5.3-(1)　参照

    a 外部に公開する Web サーバやメールサーバを設置するための DMZ の構築

    b 外部のネットワークから組織内部のネットワークへの不正アクセスの防止

    c サーバルームの入り口に設置することによるアクセスを承認された人だけの入室

    d 不特定多数のクライアントからの大量の要求を複数のサーバに動的に振り分けることによるサーバ負荷の分散

ア a、b   イ a、b、d   ウ b、c   エ c、d

問題 47　（令和 3 年　問 85）[273]

無線 LAN のセキュリティにおいて、アクセスポイントが PC などの端末からの要求を受け取ったときに、接続を要求してきた端末固有の情報を基に接続制限を行う仕組みはどれか。

ア ESSID   イ MAC アドレスフィルタリング

ウ VPN   エ WPA2

問題 48　（令和 3 年　問 97）[274]

複数のコンピュータが同じ内容のデータを保持し、各コンピュータがデータの正当性を検証して担保することによって、矛盾なくデータを改ざんすることが困難となる、暗号資産の基盤技術として利用されている分散型台帳を実現したものはどれか。

ア クラウドコンピューティング   イ ディープラーニング

ウ ブロックチェーン   エ リレーショナルデータベース

問題 49　（令和 4 年　問 55）[275]

情報セキュリティにおける PCI DSS の説明として、適切なものはどれか。

ア クレジットカード情報を取り扱う事業者に求められるセキュリティ基準

イ コンピュータなどに内蔵されるセキュリティ関連の処理を行う半導体チップ

ウ コンピュータやネットワークのセキュリティ事故に対応する組織

エ サーバやネットワークの通信を監視し、不正なアクセスを検知して攻撃を防ぐ　システム

273　第 14 章　14.5.3-(5)　参照
274　第 14 章　14.5.3-(6)　参照
275　第 14 章　14.5.3-(7)　参照

問題 50　（令和 3 年　問 76）[276]

　IoT デバイス群とそれを管理する IoT サーバで構成される IoT システムがある。全ての IoT デバイスは同一の鍵を用いて通信の暗号化を行い、IoT サーバでは IoT デバイスがもつ鍵とは異なる鍵で通信の復号を行うとき、この暗号技術はどれか。

　　ア　共通鍵暗号方式　　　　イ　公開鍵暗号方式

　　ウ　ハッシュ関数　　　　　エ　ブロックチェーン

276　第 14 章　14.5.4-(2)　参照

練習問題解答

第 1 章

問題 1 ハードウェアは、基本的に、入出力、記憶、演算、制御機能しか行わない。ソフトウェアは、それらの機能を組み合わせて、データ処理の内容ごとに、独自のものが用意される。必要に応じて、それぞれのソフトウェアを実行することで、1 台のコンピュータで種類の異なるデータ処理が可能になる。

問題 2 データ加工：入力を出力に変換する。

データ保存：処理に必要なデータを記憶させておく。

データ伝送：データ処理から場所と時間の制約を解消する。

問題 3 データ加工：入出力装置、プロセッサ

データ保存：主記憶装置、補助記憶装置

データ伝送：通信回線

問題 4 主記憶装置に記憶されたプログラムとデータは、実行できる。補助記憶装置は保存するだけ。実行時に主記憶装置にロードする。

問題 5 システムソフトウェアは、コンピュータの操作を容易にし、処理効率性を向上させる。アプリケーションソフトウェアは、それぞれの業務処理を行う。

第 2 章

問題 1 直接入力：人間が手作業で入力。データ量が少ないとき。

間接入力：入力媒体（DVD など）から入力。データ量が多いとき。

媒体入力：データ記入用紙などからそのまま入力。データ量が多いとき。入力媒体にデータを入力する必要がない。

問題 2 直接入力：キーボード、間接入力：DVD、媒体入力：OMR

問題 3 インクジェットプリンタは 1 字ずつ印刷するのに対し、レーザプリンタは 1 ページごと印刷するため速い。

問題 4 ① 消費電力が少ない。　② 場所を取らない。

問題 5 (1) ×　(2) ×　(3) ○　(4) ○　(5) ×

第 3 章

問題 1 ① 入力装置　② 制御装置　③ 主記憶装置　④ 演算装置　⑤ 出力装置

問題 2 (1) 制御装置　(2) 主記憶装置　(3) 演算装置

問題 3 (a) 命令　(b) オペレーション（または命令コード）　(c) オペランド（またはアドレス）

第4章

問題1　① 13　② 11　③ 9

問題2　① 0111　② 1011　③ 1111

問題3　① 00000011 + 00000110 = 00001001

　　　　② 00001000 − 00000011 = 00000101

　　　　③ 3 × (2 + 4) = 3 × 2 + 3 × 4 = 00000110 + 00001100 = 00010010

　　　　④ 00001001 → 00000100（右に 1 桁シフト）

問題5　論理和：1111、論理積：0110

第5章

問題1　(1) ×　(2) ○　(3) ×　(4) ○

問題2　11001110

問題3　500 万 × 3 = 1500 万 = 15M バイト

問題4　MP3−音楽／音声、JPEG−静止画、MPEG−動画

第6章

問題1　(a) 命令サイクル　(b) 実行サイクル　(c) クロック信号

　　　　(d) 周波数　(e) 速　(f) クロックサイクル

問題2　$1/(3.2 \times 10^{12}) = 0.31 \times 10^{-12} = 0.31$ ナノ秒

問題3　主メモリ：実行するプログラムとデータを格納する。

　　　　キャッシュメモリ：アクセス時間を速くする。

　　　　レジスタ：データを格納し演算を行う。

問題4　$0.1 \times 0.8 + 1 \times 0.2 = 0.28$ 倍

問題5　(1) ×　(2) ○　(3) ×　(4) ○　(5) ×

第7章

問題1　(a) 磁気ディスク　(b) 光ディスク　(c) フラッシュメモリ　(d) HDD　(e) CD　(f) DVD

　　　　(g) BD　(h) 速

問題2　(1) ○　(2) ×　(3) ×　(4) ×

問題3　256GB/5MB = 51,200 枚

第8章

問題1　(a) シリアルインタフェース　(b) パラレルインタフェース　(c) シリアル

　　　　(d) 集線装置（またはハブ）　(e) 127　(f) パラレル　(g) ディジーチェーン接続　(h) 7

　　　　(i) IrDA

問題2　(1) ×　(2) ○　(3) ×　(4) ×

第 9 章

問題 1 (1) ○ (2) ○ (3) × (4) ×

問題 2 (1) コンピュータの単位時間当たりの仕事量

(2) オンラインシステムで、要求を入力してから結果が出力されるまでの時間

(3) バッチシステムで、要求を入力してから結果が出力されるまでの時間

問題 3 ..\B\F3

第 10 章

問題 1 共通アプリケーションソフトウェア：さまざまな業務で共通に使用できるソフトウェア。ワープロソフトなど。

個別アプリケーションソフトウェア：個別の業務を遂行するためのソフトウェア。販売管理ソフトなど。

問題 2 (a) 開発ツール (b) オープンソースソフトウェア

(c) ワープロソフト (d) ブラウザ (e) ソースコード (f) 無償

問題 3 順次構造：個々の処理を順番に実行していく。

選択構造：条件テストの結果によって処理する内容が異なる。

繰返し構造：条件を満たしている間は同じ処理を繰返し実行し、その処理の繰返しによって条件が満たされなくなったとき、繰返しを終了し、次の異なる処理を実行する。

問題 4 (4)

問題 5 (1) 高水準言語は日常言語に近い。低水準言語は機械語に近い。

(2) 手続き型言語は処理手順（How）を指示する。非手続き型言語は必要な結果（What）を指定する。

第 11 章

問題 1 (1) × (2) × (3) × (4) ○

問題 2 (a) ファイル (b) エンティティ (c) データ項目 (d) レコード (e) 値 (f) 主キー

(g) 表 (h) データ項目 (i) レコード (j) 集合操作 (k) SQL (l) ミドルウェア

問題 3 専有ロック：複数のトランザクションの処理で、最初のトランザクションがそのデータをアクセスした段階で、その処理が終了するまで、他の処理ではこのデータをアクセスできないようにする。

共有ロック：他のトランザクション処理が、データの更新や削除ではなく、参照だけのときはアクセスを許可する。

問題 4 ロールフォワード：データベースで障害が発生したとき、バックアップを取った時点の状態まで戻す。

ロールバック：障害発生時に処理していたトランザクションの処理開始時点の状態に戻す。

第 12 章

問題 1 (2)

問題 2 (3)

問題 3 (a) クライアント　(b) サーバ　(c) LAN

問題 4 ネットワークシステムで、情報の伝達を可能にするために、送信側と受信側の両方で共通に守るべき国際標準通信プロトコル。ネットワーク上の仕様の異なる通信回線やコンピュータ間で情報の伝達が正確に行えるようにするため、通信と情報に関する 7 階層からなる規約で構成されている。

第 13 章

問題 1 IP アドレスはコンピュータが理解できるビット列で構成されている。ドメイン名は人間が理解できる形式で構成されている。

問題 2 (1) ×　(2) ○　(3) ×　(4) ○

問題 3 (a) 規約　(b) OSI 参照モデル　(c) IP　(d) ネットワーク

(e) パケット　(f) TCP　(g) トランスポート

問題 4 専門業者が提供するコンピュータサービスを利用することにより、自前のハードウェアやソフトウェアをもつことなく目的の業務の情報化が図れることになり、費用の節約や生産性の向上が期待できる

問題 5 (a) モノ　(b) センサ　(c) IoT サーバ　(d) アクチュエータ　(e) IoT デバイス

第 14 章

問題 1 エ

問題 2 イ

問題 3 (a) マルウェア　(b) ウイルス　(c) 暗号鍵　(d) 複合鍵

(e) 秘密　(f) 公開鍵暗号方式　(g) 秘密　(h) 公開

(g)、(h) は順不動

第 15 章

問題	1	2	3	4	5	6	7	8	9	10	11	12	13	14	15
解答	エ	ア	エ	エ	エ	ア	イ	ア	ア	ア	イ	イ	ア	ウ	ア
問題	16	17	18	19	20	21	22	23	24	25	26	27	28	29	30
解答	イ	ウ	ア	ア	ア	ウ	エ	エ	ウ	ア	エ	ア	エ	ウ	イ
問題	31	32	33	34	35	36	37	38	39	40	41	42	43	44	45
解答	イ	イ	ウ	イ	ア	ア	ア	エ	イ	ア	ア	ア	ア	ア	ウ
問題	46	47	48	49	50										
解答	ア	イ	ウ	ア	イ										

索引

■著者略歴

國友 義久（くにとも　よしひさ）

元大阪成蹊大学現代経営情報学部現代経営情報学科教授。

1961 年東京都立大学工学部電気工学科卒業、理研光学（現リコー）㈱を経て 1964 年日本 IBM ㈱入社、SE、システムサイエンスマネジャー、研修主管、研修コンサルテーションプログラム担当などの職種を歴任。1980 年埼玉大学工学部非常勤講師、1994 年長野大学産業社会学部産業情報学科教授、北里学園大学経営情報学科非常勤講師、中央情報教育研究所（現 IPA）外部講師、2003 年大阪成蹊大学現代経営情報学部現代経営情報学科教授、大学理事、2008 年 3 月退職。IBM 時代から、情報システム開発関連の業務に従事、日本にソフトウエア工学を初めて紹介した草分けの一人。主な著書に『オンラインネットワークの構造的設計』、近代科学社（1978 年）、『効果的プログラム開発技法』、近代科学社（1979 年）、『プログラム開発管理』、オーム社（1990 年）、『情報システムの分析・設計』、日科技連出版社（1994 年）、『経営情報学』、日科技連出版社（2005 年）、『データベース』、日科技連出版社（2008 年）など多数。

組版・装丁　安原悦子
編集　伊藤雅英・赤木恭平

■本書に記載されている会社名・製品名等は、一般に各社の登録商標または商標です。本文中の ©、®、TM 等の表示は省略しています。

■本書を通じてお気づきの点がございましたら、reader@kindaikagaku.co.jp までご一報ください。

■落丁・乱丁本は、お手数ですが（株）近代科学社までお送りください。送料弊社負担にてお取替えいたします。ただし、古書店で購入されたものについてはお取替えできません。

かいていしんぱん　　　　　　　　　　　　　　　　アイティ　きそ
改訂新版　ファーストステップ　ITの基礎

2023 年 7 月 31 日　　初版第 1 刷発行

著　者　　國友 義久
発行者　　大塚 浩昭
発行所　　株式会社近代科学社
　　　　　〒101-0051 東京都千代田区神田神保町1丁目105番地
　　　　　https://www.kindaikagaku.co.jp

・本書の複製権・翻訳権・譲渡権は株式会社近代科学社が保有します。
・ JCOPY ＜（社）出版者著作権管理機構 委託出版物＞
本書の無断複写は著作権法上での例外を除き禁じられています。複写される場合は，そのつど事前に
（社）出版者著作権管理機構(https://www.jcopy.or.jp, e-mail: info@jcopy.or.jp)の許諾を得てください。

© 2023　Yoshihisa Kunitomo
Printed in Japan
ISBN978-4-7649-0664-8
印刷・製本　藤原印刷株式会社